図解 見せれば即決！資料作成術

一看就懂！
從NG到OK！
制霸職場的 簡報‧資料表達術

簡報諮詢顧問
天野暢子◎著　　**簡琪婷**◎譯

推薦　請以終為始，優先思考簡報的目的與結論

近年來，因為擔任企業顧問和職業講師的緣故，我時常必須製作各種不同用途的商業簡報，像是輔助授課的課程簡報或提案專用的企劃簡報等等。我不但聽過一些坊間的簡報課程，也飽覽眾多與簡報相關的書籍，對於簡報設計這個範疇算是有些認識與了解。

也常有企業界的朋友或學員稱讚我的簡報做得很好，不但版面很美觀，也能夠讓人一眼看到重點。其實，與其說我是一個厲害的簡報設計高手，倒不如說我掌握了簡報設計與溝通傳達的要領，所以可以很快地設計出一份具有行銷思維的簡報。

根據我多年來在各大企業內部授課與擔任顧問的經驗，我理解要做出一份得以制霸職場的簡報，成敗關鍵並不在於美輪美奐的模板或是絢麗的動畫、技法，而是要以目標受眾（Target Audience）為中心，把有價值的觀點順利傳達給對方，並且達到共識，如此方能算是真正達到簡報設計的目的。

去年夏天，我曾出版《慢讀秒懂：Vista的數位好文案分析時間》，之所以會寫這本書，主要是希望幫大家解決不會寫、不敢寫以及不想寫的行銷文案排斥症。最近，我意外地發現《一看就懂！從NG到OK！制霸職場的簡報・資料表達術》這本新書，作者天野暢子鎖定利用資料外觀打動對方的手法，並且大方分享讓對方光「看」不「讀」就能秒懂的技巧……嗯，這件事讓我激賞不已，同時也對這本新書感到興致盎然！

「簡報與資料製作的第一步，是思考目的和架構。」我很認同作者

的觀點，一如以往自己所開設的文案寫作課程，我都會提醒學員別急著打開電腦寫作或設計簡報，而是要先靜心思考：好好構思一下，究竟我們撰寫這篇文案或設計這份簡報的目的為何？而目標受眾，又是哪些族群呢？我們希望透過文案或簡報來傳達哪些觀點呢？

　　想要設計出一份制霸職場的簡報，我們不妨「以終為始」，先思考簡報的目的和結論是什麼？然後，再開始進行鋪陳。一如作者在書中所提及的，製作商業簡報的時候，為了抓住大家的目光焦點，其實沒有必要賣弄文筆，或是運用很多華麗的圖片來裝飾，而是要讓重要的結論牢牢抓住目標受眾的眼球。換言之，不妨開宗明義告知對方「結論＝想要表達的主旨」。

　　此外，作者在這本書中，也提到活用視覺圖像設計封面是非常重要的一件事。要知道，現在是一個「視覺先行」的年代，所以幫簡報設計一個精彩的封面看似很理所當然，不過作者卻指出另外一個重點：藉此宣稱「這份資料能助你一臂之力」，讓對方願意翻開閱讀。換句話說，我們的提案能否順利過關，和簡報封面的關係匪淺。畢竟注視封面的時間往往只有一兩秒，為了讓對方在如此短暫的瞬間產生興趣，必須要「讓對方秒懂」，而不只是單純的閱覽而已。

　　作者還提到如果打算在短時間內讓對方能夠理解簡報內容，務必濃縮為單一資訊，可以善用「電梯簡報法」，而這剛好也是我平常在文案課會介紹的內容。我也在此跟大家分享三個小訣竅，可以有效運用「電梯簡報法」，讓人留下深刻的印象。

首先，我們可以詢問對方是否有「某些」困擾？其次，透過圖文資訊告知對方，困擾可以「這樣解決」。最後，不忘告知解決之後「會發生哪些好事」。透過這三個步驟，就能很快抓住目標受眾的焦點了！

書上還提到一個重點，我也相當認同。為了讓目標受眾可以確實閱讀自己精心完成的簡報資料，所以請記得在簡報內設置目錄。正因為簡報一開始就可以看到目錄，所以對方得以確認「全文分為幾個章節」、「和我關係最密切的是第三章」等。換句話說，在簡報中插入一頁目錄，不只是聊備一格，而是藉此讓目標受眾大略掌握整份簡報資料的概要，有助於加速傳達簡報的目的與重點。

整體而言，我覺得《一看就懂！從NG到OK！制霸職場的簡報‧資料表達術》的確是一本值得放在案頭隨時取閱、參考的工具書。如果您時常需要設計商業簡報的話，我很樂意推薦這本好書。

「內容駭客」、「實用指南」網站創辦人　**鄭緯笙**

前言 資料本身就是一份簡報

●三秒就定案的原因

　　大家好，我是簡報諮詢顧問天野暢子。針對簡報相關的一切諮詢，與客戶共同尋求解決對策，就是簡報諮詢顧問的任務。

　　過去我曾任職廣告公司、報社、電視公司等傳播業界，從事「傳達」的工作已三十年有餘。截至三十歲為止，我總是沒日沒夜地埋頭撰寫企劃書、簡報資料，承辦過的個案大約一千件。隨後，我的角色從「製作」資料，變成「閱讀」、「審查」、「評選」資料，負責的個案件數並未確切統計。不過，執行電視節目畫面等文字資訊的校對工作時，如果是三小時的現場轉播，必須判斷「好・壞」的紙稿約有一千張，最後還得製作總結報告書。換句話說，專業人員必須以秒速判斷如此驚人的資料量。

　　本書之所以特別強調以三秒決勝負，和我所從事的電視工作有關。我們打開電視，並用遙控器不停轉台的行為，稱為廣告轉台（zapping），而每次轉台的時間間隔一般為三秒鐘。在這三秒鐘，我們往往會不自覺地依據眼前所見資訊，逕自判斷「好・壞」或「喜歡・厭惡」。

　　同樣的道理也能套用在資料上，尤其針對「壞」與「厭惡」的判定，甚至用不到三秒。只要資料給人的第一印象不佳，幾乎沒什麼平反的機會，因為對方看完第一頁後，通常就不再繼續翻閱。

　　為了在開頭三秒成功博取對方的認同，本書介紹的重點，將鎖定利用資料外觀打動對方的手法，以及讓對方光「看」不「讀」就能秒懂的技巧，特別是封面的運用。

●沒開口也能美夢成真

　　一提到簡報，似乎不少人的印象是「在大庭廣眾前」、「搭配誇張的肢體動作」、「神采飛揚地高談闊論」等。過去的我也是這麼認為。

　　然而，某次比稿的經驗讓我完全改觀。當時身為專案負責人的我，必須在客戶面前進行簡報說明，於是我卯足全力準備Q&A，也做了說明的演練。結果，對方竟然一開口就要求簽約，根本不用我再多做說明。這時，我突然理解到只要確實備妥資料，就算沒有口頭說明，大型個案也都得以拍板定案。爾後，未做口頭說明，只憑資料便過關的個案也持續發生。

　　目前我一邊從事簡報諮詢顧問的工作，一邊在東京藝術大學研究所美術研究系鑽研資訊設計。這間大學的錄取率，歷年來只有百分之五，不過校方卻只憑考生的申請表、研究實績、研究計畫等書面資料，遴選系所研究生，術科考試及面試都不需要。因此我再次確認到，只要備妥資料進行簡報，就算是錄取門檻超高的大學也能金榜題名。

　　升學、留學、求職、做業績、升遷、創業……你想擁抱什麼樣的未來？本書網羅了因應各種用途的資料製作必備手法與技巧，想必能助你一臂之力。

目錄 CONTENTS

第1章　資料製作的第一步是思考「目的和架構」

第 2 章　讓資料立即拍板定案的專業「寫作」技巧

第3章 讓NG資料變成OK資料的「編輯」要領

第 **4** 章 對設計一竅不通，也能著手「編排」的訣竅

第 **5** 章 強化數字訴求力的「表格與圖表」製作方法

第 **6** 章 沒開口,對方也能秒懂的「圖解」展現方式

第 **7** 章　結果將隨完成資料後的 「後續動作」而不同

資料製作的
第一步是思考
「目的和架構」

1-01　事前確認

製作資料前，
先確認目的及提交對象

　　主管下指示：「把會議資料準備好。」下屬便立刻著手製作資料。雖然這樣的舉動乍看足為楷模，不過請稍等一下，製作資料前有兩個務必確認的重點。

　　第一個重點就是資料的「目的」。以營業會議的資料為例，並非每家公司或每個部門都需要相同的資料。會議主旨是A公司大阪分店的上半期業績檢討，還是B公司海外營業部的下期策略規劃，配合不同的目的，資料內容將有所不同。此外，假設自家公司的商品為自行車，舉凡說明性能及價格的商品資料、提高自行車銷量的行銷計畫資料、因應維修的相關資料等，彼此內容肯定不一樣。基於此故，務必一開始便確認釐清自己即將製作的資料，究竟是「為何而做？」及「該怎麼做？」。

　　另一個重點則是確認提交的對象「是誰」。選購禮物時，如果對方說：「買什麼都好。」想必會不知該如何挑選對方喜歡的物品吧。按理來說，一般會考量對方的性別、年齡、職業等，然後一邊想著對方的臉龐，一邊挑選禮物。製作資料也是同樣的道理。

　　即使目的同為「讓對方掏錢買自行車」，面對六十多歲的男性經營者，與面對二十多歲的家庭主婦，兩者訴求的重點肯定不同。換句話說，務必事先徹底調查資料收取對象的身分背景，並加以確認。

　　舉凡提交對象的人數、性別和年齡屬性、對方的期待和預測、是否存在其他決策者等，都是必須釐清的範圍。對方如果是認識的人，不僅從談話內容中便能得知一二，就算直接詢問也無傷大雅；如果是公司行號，則不妨事先上網查詢。總之盡一切努力設法了解對方，就是製作資料的鐵則。

因應目的及提交對象，著手製作資料

如果沒搞清楚會議的出席者、目的及進行方式，
所做的資料將十分籠統。

會議資料

地區別訂單筆數

	10月	11月	12月	1月	2月	3月	下期合計
北海道							
東北							
關東							
中部							
北陸							
關西							
中國							
四國							
九州							

連不相干的數據也一併列出，導致整頁密密麻麻都是字。

如果事先得知會議目的是「業績預估」及
「策略提出」，可直接附註於資料中。

四國地區　2017年度下期業績預估會議　資料

本州‧四國分店共同接單！

地區別訂單筆數

	10月	11月	12月	1月	2月	3月	下期合計
香川							
德島							
愛媛							
高知							

如果事先得知與會者為四國地區分店長，
只要提報四國的數據即可。

目的和架構
寫作
編輯
編排
表格與圖表
圖解
後續動作

1-02　資料的目的

除了「最終目標」之外，還要確立「本次目標」

如前一節所述，釐清資料的目的極為重要。不過，如果目的只是「大樓建築承包」、「股東會核准計畫執行」，其實並不足夠。因為這些都屬於最終目標。要以第一次提出的資料，讓對方一口同意最終目標，按理來說並不容易。

假設「搭建大樓」為最終目標，通常得經歷數個階段才能達標。例如：讓對方記住自家公司的名稱和自己的姓名→介紹自家公司的強項，讓對方產生興趣→讓對方前來參觀自家公司的實體建築作品→提出設計方案及報價。除此之外，審閱資料的人，多半也會從對方的承辦人，陸續變為主管、股東等。由此可見，各個階段都需要準備資料，而當中的內容必須截然不同。

因此，你要確認的重點，就是即將著手製作的資料「最終目標」為何，以及首先必須達成的「本次目標」為何。這並非難事。以「搭建大樓」為例，只要每次製作資料時都能仔細思考：「這次的資料是否成功地讓『某件事』『達到某種結果』？」這樣就行了。如果能確實思考這一點，將能避免提案書突然不受青睞，就此無疾而終。

有些特殊的例子，會出現「本次目標＝最終目標」的情形，例如比稿和應考就是如此。這兩種狀況都屬於首度挑戰時，就算與對方素不相識，對方也只能憑唯一一次的提出資料，決定最後的結果。這時，為了讓資料涵蓋從頭到尾的各階段流程，不妨從大量資訊中摘選重點，然後彙整於一份資料之中。

心存兩種目標，著手製作資料

Before

最終目標：大樓建築承包
首次會議資料

就算「最終目標」是大樓建築承包，要是一
開始便提出詳細資料，將無法被對方採用。

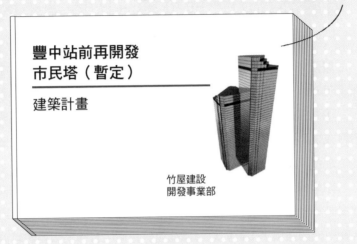

豐中站前再開發
市民塔（暫定）

建築計畫

竹屋建設
開發事業部

After

最終目標：大樓建築承包
首次會議資料

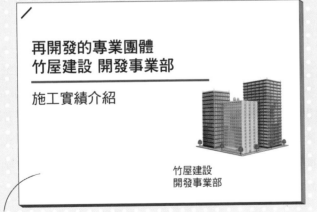

再開發的專業團體
竹屋建設 開發事業部

施工實績介紹

竹屋建設
開發事業部

如果和對方尚無生意往來，那麼讓對方認知
公司名稱及專業領域便是「本次目標」。

目的和架構

寫作

編輯

編排

表格與圖表

圖解

後續動作

I-03　資料的用途

根據資料用途為說明或提交，用於公司內部或外部，因應調整內容

　　雖然統稱為資料，但用法相當多元，大致上可分為兩種：①做為口頭說明的補充；②做為只受理書面審查時的提出資料。

　　①為當面進行簡報時所用的投影片或分發的資料等；②為應徵報名資料或主動提出的企劃書等，製作者無法帶著這些資料進行口頭說明。各位是否無視兩者的差異，一律採用同樣的做法？

　　如果像①一般能以口頭補充說明，不妨減少問候語及說明部分的文字資訊，讓聽眾能專心聆聽說明。就算資料中只有視覺圖像，或是只放大其中一個關鍵字，都能以口頭補充解釋個中意義。只要資料頁面顯得十分清爽，閱讀者也能快速理解。反之，像②這類必須自求多福的資料，內容則得力求即使無法補充說明，也能讓所有看過的人理解、認同。這時大家常犯的錯誤，就是擔心對方無法理解，結果寫成長篇大論。長篇大論經常有礙理解，因此務必下點工夫，運用濃縮資訊後的短文或視覺圖像等，讓對方秒懂。

　　其次，針對用於公司內部和外部的資料，也來思考一下彼此有何不同。關於這個部分，採取一式二用的人不在少數，不過還是調整一下內容為宜。畢竟公司內部慣用的詞彙，多半無法通用於其他公司或業界，因此必須區分使用各自的用語。另外，提給公司外部單位的資料，得先讓對方認識自家公司，因此展現自家公司特色和魅力的公司簡介也不可或缺。除此之外，為了讓看過資料的對方有意採取行動時得以立即洽詢，務必註明公司名稱、部門名稱、承辦人姓名及聯絡方式。

提出的資料力求即使內容未經說明，對方也能理解

〈提出無法進行口頭說明的資料時〉

劈頭拿出數據或視覺圖像，雖然令人印象鮮明，不過要是缺乏說明，對方將無法理解。

1張 7 日圓

After

〈提出無法進行口頭說明的資料時〉

夾報廣告單價

2000份時

印刷	4,200日圓		單價	2.1日圓
夾報廣告				4.9日圓
			1張	7.0日圓

只要清楚交代結論的推敲過程及原因等，
就算沒有說明，對方也能理解。

目的和架構

寫作

編輯

編排

表格與圖表

圖解

後續動作

1-04　紙張的大小與張數

少於十張A4紙為可讀取的鐵則

　　公司或便利商店的影印機，通常備有 B5、B4、A4、A3 等四種規格的紙張。製作資料時，你都選用哪種尺寸的紙張呢？

　　以前採用的紙張多半為 B 判，不過現今商場中則以 A 判為主，當中又以 A4 為基本。比 A4 大張的 B4 和 A3，往往會把資料對折再交給對方。然而帶有摺痕的資料，常是影印時卡紙的原因。此外，這類非得對折才能帶走的資料，往往喪失讓忙人利用空檔時間過目的機會。除非有什麼特殊理由，否則請務必以 A4 尺寸製作資料。

　　確定紙張大小後，接著決定張數。想寫的資訊過多，結果一不小心寫了數十頁，這樣可就麻煩了。不妨先敲定整份資料的份量以及各頁的綱要架構，然後再思考其中內容。

　　如果希望對方確實看完整份資料，頁數愈少，對方愈加感激。要翻閱五十頁的資料往往令人生厭，不過，要是只有一頁，就算對方只是大略瀏覽，也會確實過目。萬一非得超過一頁，讓人閱讀起來毫無壓力的上限，通常為十頁，因為這是花數秒快速翻閱便能掌握整體的份量。如果多於十頁，只會徒增對方的壓力，當對方拿到資料的瞬間，極有可能立刻擺到一旁，看都不看一眼。

　　上述準則，對於收到資料的對方而言，完全屬於體貼的表現。如果能製作、提出這樣的資料，等於暗示對方自家公司是間懂得商場規則的公司，自己是個能為對方設想的人。當然內容充實也十分重要，為了讓對方確實閱讀內容，不妨先把資料整理成可讓對方過目的形式。

商業資料以A4紙製作

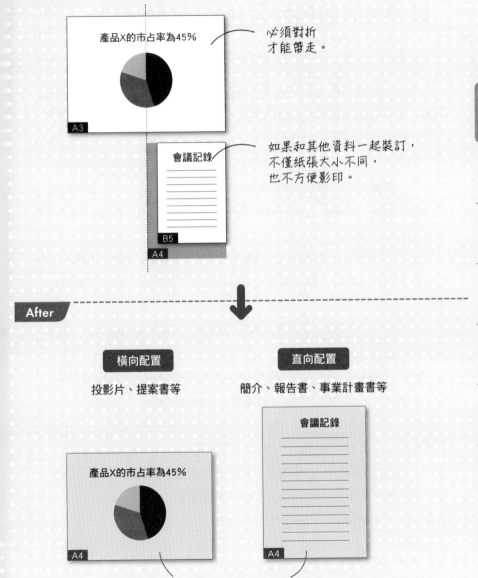

產品X的市占率為45%

A3

必須對折
才能帶走。

會議記錄

B5
A4

如果和其他資料一起裝訂，
不僅紙張大小不同，
也不方便影印。

After

橫向配置

投影片、提案書等

直向配置

簡介、報告書、事業計畫書等

會議記錄

A4

產品X的市占率為45%

A4

以少於十張A4紙為目標。

目的和架構

寫作

編輯

編排

表格與圖表

圖解

後續動作

以6W2H說明左右決策的重點資訊

製作資料的目的，就是要獲取對方的贊同。為了讓對方評估後點頭同意，必須提出可供參考判斷的資料。只要仔細說明下述6W2H，對方將能順利做出決定。

「WHAT」（什麼？）：此為訴求的主題。這並非提案書或議題等資料的種類，而是要思考資料中絕不能缺少哪些資訊，否則對方將無法評估或判斷。例如：「讓對方認同新商品的性能」、「讓對方研討出勤系統的問題點」等。

「WHO」（誰？）：此為提出這份資料的人員或組織。猶如來路不明的信件通常沒人拆閱一般，如果沒有註明身分，將無法促使對方採取行動。

「WHEN」（何時？）：如果提案內容包括時程安排，不只是日期而已，連時間都得清楚交代。

「WHERE」（哪裡？）：如果介紹的內容與地點有關，則必須寫明地點。除了地址之外，不妨附上地圖等容易意會的視覺圖像。

「WHY」（為什麼？）：這是製作資料之前應該先考慮的重點。製作資料往往是為了達到某種目的，因此務必予以釐清。

「WHOM」（給誰？）：如果沒有徹底調查究竟要感動誰以採取行動，並把調查結果反映於資料當中，將無法打動對方。

「HOW」（如何？）：簡要說明手段及方法等內容。

「HOW MUCH」（多少錢？）：如果沒有提到攸關預算的數字，就算交出資料，對方也無從評估或是做出決定。

關於引導對方做出決定或採取行動的「WHEN」（何時？）和「HOW MUCH」（多少錢？），將於其他章節詳細說明。

以6W2H網羅必要的資訊

Terumi Puchi
~~記者會~~

6月14日（三）
乃木坂之丘

星Terumi

因資訊不足，
導致原本感興趣的媒體
無法前往採訪的資料。

採訪申請窗口　Terumi工作室
（03）1234-5678

給誰？————時裝畫報
編輯部 美坂恭子小姐

2017年5月18日
Terumi工作室
公關部
————誰？

為什麼？————星Terumi
設計師出道20週年紀念

什麼？————**兒童服飾品牌「Terumi Puchi」**
記者會通知

星Terumi

何時？————6月14日（三）
PM 2：00～3：30
哪裡？————乃木坂之丘3F 櫻之廳
多少錢？————免費進場

地圖

邀請名模
西出麗子、REINA等人
————如何？

採訪申請窗口
Terumi工作室　（03）1234-5678

網羅必要資訊，容易完成採訪的資料。

目的和架構

寫作

編輯

編排

表格與圖表

圖解

後續動作

1-06　封面

活用視覺圖像設計封面，
讓對方秒懂內容

　　兩頁以上的資料多半會附上封面，不過真正的目的並非避免內頁汙損，而是藉此宣稱「這份資料能助你一臂之力」，讓對方願意翻開閱讀。換句話說，提案能否過關，和封面關係匪淺。畢竟注視封面的時間往往只有一兩秒，為了讓對方在如此短暫的瞬間產生興趣，必須下點工夫的重點並非「讓對方閱讀」，而是「讓對方秒懂」。

　　首先是標題，就算內文多達數十頁，也要想出讓對方理解「這是怎麼一回事」的一行字。如果內含數字，將更能打動對方。一般常見的標題為「○○企劃書」、「△△報告書」等，然而企劃書、報告書都屬於資料種類。向客戶提出資料時，不妨如「關於○○的提案」、「關於△△的報告」一般，擬訂讓對方理解內容的標題。

　　其次是活用視覺效果。製作資料前，通常會敲定整份資料的主題色彩，但不只是內文部分，務必從封面開始就使用主題色彩。此外，還可配合主題，置入照片或圖片等。舉例而言，如果是長照主題，可放一張「銀髮族和工作人員有說有笑」的圖片；如果是系統簡報，則可置入「系統畫面截圖」，藉此讓對方秒懂內容。

　　最後有個大家經常忘記附註的部分，就是提出者的姓名。如果提交對象為公司外部單位，務必寫上公司名稱，即使是對公司內部提出，也要註明部門名稱和承辦人姓名，否則萬一對方同意，將不知道該通知誰。除了公司名稱外，不妨把企業商標一併附上，如此一來，對方對公司的印象將更為深刻。此外，「何時的簡報內容」也常常成為決定採用與否的關鍵，因此務必註明提出日期。如果提交對象為政府機構，日本官方公文寫法並不用西曆日期，而是「和曆」和「年份」，這類細節都必須留意。

令人想要翻開的封面就是這裡和別人不同

Before

光看封面，完全無法理解內容為何。

致 東京都

「Facili X-2.0」
提案書

1 March 2017

（株）Facili Pro

對方名稱
應該寫於
左上角。

對方和自家公司的名稱不可簡寫為（株）。

英語圈的年月日寫法，
對日本人來說較難理解。

After

擬訂得以理解提案
內容的標題。

從封面開始出現資料的主題色彩。

致 東京都

承辦人的加班時數，每次可減少兩小時↓
會議記錄共享系統「Facili X-2.0」提案書

平成29年3月1日
株式會社Facili Pro

置入與內容相關的
視覺圖像，讓對方秒懂。

提交對象為日本政府機構、
學校時，日期以和曆標示。

目的和架構

寫作

編輯

編排

表格與圖表

圖解

後續動作

1-07　目次

以目次導覽全文，直到結尾

　　雖然資料張數愈少，對方愈容易理解，不過為了符合對方指定的條件，有時也會暴增到數十頁。

　　篇幅如此龐大的資料，對方是否每一頁都仔細閱讀？答案是否定的。或許對方只是一邊覺得「又寫滿密密麻麻的文字」、「怎麼都是一樣的圖表啊」，一邊機械式地快速翻閱而已。

　　為了讓對方確實閱讀自己精心完成的資料，目次十分有用。正因為資料的一開始就是目次，所以對方得以確認「全文分為幾個章節」、「和我關係最密切的是第三章」等。換句話說，要讓對方大略掌握整份資料的概要，就得靠目次。

　　要是資料分成太多章節，閱讀者將看得頭昏腦脹。全文的歸納整理，最好以五個章節為限。例如：「一、商品優勢」、「二、行銷策略」……等。此外，「一、商品優勢」之下還可細分三到五項，例如：①重量較輕、②顏色眾多、③成本較低等。換句話說，目次頂多分成兩個層次即可。

　　畢竟目的是讓對方掌握全文，因此目次的呈現方式也要活用視覺要素。舉例而言，可藉由符號或數字，讓目次顯得層次分明，例如：「A 鳥取縣市場調查」、「■開發流程」。如此一來，閱讀資料的人將得以先掌握整體內容如：「整份資料分成三個章節」、「最在意的預算問題寫在最後面」等，然後再繼續閱讀。

　　導覽全文時，並非只針對書面資料，如果同時提出一些不同形式的資料，收取的對方有時會遺漏部分。遇到這種狀況時，不妨製作能一覽內容的目錄，然後確實附在整份資料的最前面一併提出。

以一張目次傳達資料的全貌

配管檢修報告會議　目次

01.管材	07.球閥
02.長彎管	08.彈簧吊架
03.短彎管	09.彈簧支架
04.同徑T管	10.油壓式防震器
05.異徑T管	11.Y型過濾器
06.閘閥	

感覺目次零散，難以掌握整場會議的進行流程。

目次頂多分成兩個層次。

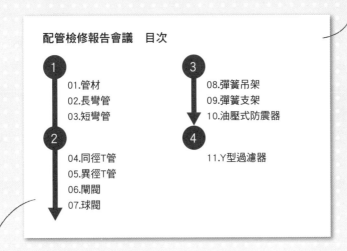

配管檢修報告會議　目次

1
01.管材
02.長彎管
03.短彎管

2
04.同徑T管
05.異徑T管
06.閘閥
07.球閥

3
08.彈簧吊架
09.彈簧支架
10.油壓式防震器

4
11.Y型過濾器

活用圖案或色彩，展現資料的全貌。

目的和架構

寫作

編輯

編排

表格與圖表

圖解

後續動作

1-08　扉頁

插入扉頁區隔章節，
整理閱讀者的思緒

　　當對方收到數十頁的資料時，通常無法瞬間理解「寫了什麼」、「闡述到什麼程度」。除了以目次導覽全文概要，活用扉頁也是有其效果的。扉頁通常出現於內容需做區隔之處，具備猶如暗示對方「接下來要更換話題囉」的功能。

　　打個比方來說，假設第一章的主題色彩為紅色，第二章為藍色，要是扉頁也能配合換色，任何人都能秒懂「接下來要進入新章節了」。這種手法常被用於不印製成冊，而是放入檔案夾中交給對方的公司簡介等。除了色彩之外，也能運用與章節內容相關的圖片或象形圖（圖畫文字），例如攸關人事的章節便用「人形」的圖示，攸關費用的章節便用「＄」的符號，如此一來，對方將更容易理解。

　　除了書面資料，以播放投影片的方式進行簡報時，扉頁也有不錯的效果。為了把備妥的投影片全數播完，簡報者往往只顧著陸續換下一張，結果一張張看似雷同的投影片，讓在場聽眾漸漸無法消化吸收。不過，只要插入扉頁，簡報者將能稍做暫停，調整說明速度，然後重新展開簡報。此外，聽眾也將明白「接下來要談另一個話題了」，進而做好聽取後續說明的心理準備。

　　前文有關目次的說明，曾介紹過運用圖案編列的視覺性目次，其實扉頁也能活用流程圖等圖案。藉由改變圖案色彩、文字大小或色彩，讓閱讀者得以憑直覺掌握全文，一邊確認目前瀏覽的階段，一邊看完整份資料。

利用扉頁讓對方秒懂章節的區分

Before

退休喊卡！
在家上班制度導入建議

人事部 加計小百合

p47

多達數十頁的資料，
難以一邊彙整資訊一邊閱讀。

After

其他公司案例 > 導入委員會 > 導入流程

目次

插入扉頁，
藉此明確表
達章節的
區分。

其他公司案例 > 導入委員會 > 導入流程

利用圖案讓對方直覺
理解目前閱讀的階段，
也是方法之一。

扉頁

目的和架構

寫作

編輯

編排

表格與圖表

圖解

後續動作

I-09　說故事

資料開頭先以一句話告知結論

　　讓對方點頭同意有兩大要點。一個是如 2-06 所述，避免無謂的「賣弄文筆」，另一個則是「說明的順序」。

　　一般人學習寫作，向來被要求「文章必須包括起承轉合」。如果是一篇故事，就算高潮最後才出現，讀者依然願意閱讀中間的過程。然而，在繁忙的商場中，要是內容節奏不夠明快，對方往往不會讀完整份資料，看到重要的結論。基於此故，針對商業資料，不妨開宗明義告知「結論＝想要表達的主旨」。

　　向主管或客戶進行報告時，有些人會先扯一堆藉口，遲遲不說結論，搞得對方心浮氣躁，結果說明慘遭打斷，直接被對方要求：「說結論就好。」資料也是同樣的道理，不妨學會「○○就是△△」（結論）＋「這是因為～之故」（原委細節）的文章架構吧。例如：「A大樓只能使用到今年年底，這是因為大樓結構不符合耐震基準之故。」

　　此外，結論必須力求簡潔。就算一開頭便告知結論，要是字數多達四百字，對方必須看完全文才能思考重點何在，這樣的過程有礙對方做出決定。

　　播報電視新聞時，這種屬於結論的部分稱為「新聞提要」，通常大約花十五秒進行介紹。光憑這些提要，就能引導觀眾掌握所有新聞，並且繼續收看。為了讓結論或重點部分能於十五秒內說完，或是濃縮為一行文字，務必過濾篩選資訊，力求簡明扼要。只要經過深思熟慮，確立「我要表達的主旨就是如此」，光靠這句話，就能緊抓對方的心。

開宗明義告知結論，引導對方看完資料

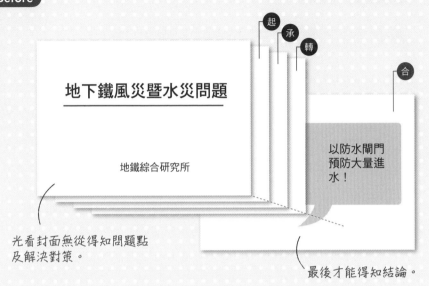

光看封面無從得知問題點及解決對策。

最後才能得知結論。

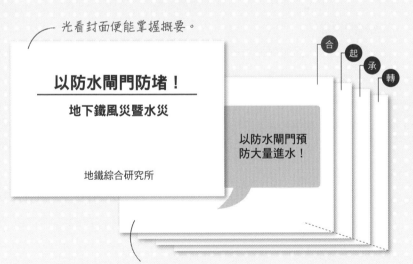

光看封面便能掌握概要。

由於一開始便得知結論，因此能安心瀏覽資料。

目的和架構

寫作

編輯

編排

表格與圖表

圖解

後續動作

1-10　根據

讓佐證的數據成為最堅強的後盾

　　你的簡報內容，對方是否不疑有他地全盤採信？即使告知對方：「這項食品具有減肥效果」、「這項產品為銷售冠軍」，還是會有人質疑：「真是如此嗎？」尤其採用「據說～」的說法時，自己與對方都得特別留意。畢竟當中缺乏主詞，根本就是刻意模糊說法來源，有糊弄矇騙之嫌。

　　既然如此，不妨將說法出處交代清楚，讓資料更具說服力。例如「根據二〇一三年國土交通省（相當於台灣的交通部）的普查結果……」、「A大學B教授的研究團隊……」等，可藉由這樣的補充說明，讓自己的主張屹立不搖。

　　原本應該先有數據，再據此提出主張，不過如果想尋找呼應主張的數據，只要把關鍵字加上「調查」、「統計」等詞彙，然後上網搜尋，就能找到相關的調查結果或報導。比如可輸入「結婚　年齡　調查」，以此展開搜尋。

　　除此之外，媒體報導也能成為支撐主張的後盾。切勿自以為是地認為「這項商品肯定很讚」，如果屬於第三方的媒體也十分認同，務必以此為實證讓對方信服。**有時會看到店內貼著與商品採訪者的合照、介紹店家的雜誌報導等，這些也能放進資料一併介紹。**就算採訪對象不是自家公司或店鋪，只要內容與業界或商品相關，都能證明「目前〇〇十分流行」，效果相當不錯。

　　如果打算運用圖表或表格進行說明，或是讓對方看到部分報導內容時，切勿忘記註明出處；如果要附上調查結果，則勿忘標註調查者和調查日期。

Before

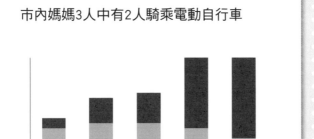

市內媽媽3人中有2人騎乘電動自行車

數據來源不明的話，往往難以採信。

After

市內媽媽3人中有2人騎乘電動自行車

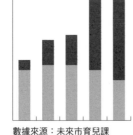

數據來源：未來市育兒課
「自行車持有狀況調查」

趕搭電動補助金的順風車

出處：2017年8月3日
「每朝報社」

光是註明數據來源為政府機構，便能大幅提升可信度。

目的和架構

寫作

編輯

編排

表格與圖表

圖解

後續動作

Ⅰ-Ⅱ　金額和利益

突顯超值感，藉此誘惑對方

　　資料能否過關，取決於兩種因素，其中一種是「金額」。無論是個人購買商品，還是公司行號引進某種服務，腦中盤算的重點，應該是預算和CP值吧。

　　對方往往一邊和腦袋中的錢包打商量，一邊評估是否採用審核中的資料。似乎有不少人認為此時必須提出低於競爭對手的價格，如果較貴，就不標示價格。**簡報資料常見附註一句「報價另行提出」的例子，不過我並不建議如此。對方想知道的金額，並非細到個位數。**只要告知對方大約的預算規模是三百日圓、三千日圓，還是三萬日圓，這份資料就有機會被納入探討。萬一提出的金額完全不符預算，對方將立即否決，因此這種做法也具有盡早確定簡報是否過關的優點。

　　另一個取決因素則是對方可從中獲取的利益。當中又分為「①物質層面」及「②情感層面」兩種。例如「總金額便宜一萬日圓」、「耗費的工夫少了三成」等具體的物質利益，想必並不難懂。**相對於此，情感利益則包括「喜歡」、「似乎很有趣」、「舒適」等，屬於當事人在不知不覺中產生的感受，因此每逢面臨抉擇時，必定受這種情感利益的左右。**

　　打個比方來說，如果對方年事已高，字太小的話，閱讀起來恐怕比較吃力，因此不妨把資料文字放大。這種做法應該可讓對方在不知不覺中感到「容易閱讀」，因此也算一種利益。再舉一個例子，如果對方認為「IT機器最好採用最新款」，這時便可補上一句「快來試用新產品」。此外，為了讓對方確實感受個中利益，甚至可把這句話放在各頁頁首，持續不斷地映入對方眼簾。

巧妙地顯示預算，讓對方盡快做出決定

如果沒有標示具體價格，對方將無法評估判斷。

由於價格標示明確，對方能據此判斷便宜或昂貴。

1-12　　計畫

藉由進度表的「透明化」，
賦予對方安心感

　　如本書第二十八頁所述，資料中必須明確標示WHEN（何時？）。無論是今天開會的資料，還是預計十年後竣工的高速公路計畫書，當中勢必押上了日期。例如：「何時著手進行」、「何時完成」、「希望何時以前做出決定」等。規模愈龐大的計畫，耗費的時間愈長。**要是沒有列出能如期順利進行・完成的時程表，對方將無法放心地點頭同意，也不可能把計畫交給我們去執行。**

　　雖然以文章或表格說明預定作業進度也未嘗不可，但為了讓對方秒懂，建議採用「甘特圖」（Gantt Chart）。所謂甘特圖，就是以橫條標示的時程表，縱軸為作業種類或承辦部門等，橫軸則為時間（年月日・時間），**通常用來說明各項作業從何時開始以及何時結束。**由於這種時程表的目的為讓對方一看就懂，因此橫條部分採用粗線和箭頭較容易聚焦。此外，線條的起點務必標註開始時間，終點則標註結束時間。除了欄列標題外，如果於每條線的旁邊加註說明文字，對方將更容易理解。

　　舉凡活動或聚會等，多半規劃成舉辦當天便落幕，不過整個專案並非於落幕的那一刻就宣告結束。按理來說，還有收拾善後及檢討會議等後續工作，因此務必連結束後的預定作業進度也一併列出。

　　除此之外，有時這個專案並未就此結束。就算原先只是一次性的活動，後續也有可能由總公司推廣到分公司，或是由一家企業推廣到其他關係企業，因此不妨連同未來的規劃也一併說明。打個比方來說，如果是長達一年的專案，除了得提出十二個月的工作分配表，還要附上後續幾年的中、長期計畫（草案）各一份。如此一來，便能以此銜接專案結束後的提案。

以甘特圖讓預定作業進度「透明化」

Before

王子雙塔用電檢查（草案）

東塔檢查計畫

	日期
低樓層	9月15日～29日
中樓層	10月2日～16日
高樓層	10月17日～30日
消防檢查	11月2日
驗收	11月10日

只有文字說明，對於時程進度難有概念。

After

一併列出未來的預定作業進度，
促使對方進行發包。

王子雙塔用電檢查（草案）

東塔檢查計畫

	9月	10月	11月	12月
低樓層	9/15～29		11/2　11/10	
中樓層		10/2～16	消防檢查　驗收	西塔（未確定）
高樓層		10/17～30		

專案全程作業一旦視覺化，
進度將公開透明，令人安心。

目的和架構

寫作

編輯

編排

表格與圖表

圖解

後續動作

1-13　個人簡介

專有名詞加數字，
提高個人簡介的可信度

　　簡報往往因發表者不同而有不一樣的結果。資料也是同樣的道理，有時對方的看法，會隨資料製作者的身分背景而異。打個比方來說，閱讀有關人事制度的資料時，一份是菜鳥員工製作的報告，另一份是專精勞工問題，實務經驗長達十五年的律師提出的建議書，你相信哪一份？

　　不消說，肯定是後者吧。畢竟為了讓對方選擇自己，勢必得表明：「製作資料的我（本公司），才是談論這個問題的最佳人選。」

　　那麼究竟該如何表達，才能順利展現自我呢？有些人會撰文介紹個人實力或企業實績，不過冗長的文章往往沒人想看。相對於此，如果只寫成簡短一句，例如「多益（TOEIC）八百五十分」、「日本全國高中學校綜合體育大賽桌球殿軍」等，實力高低當場立見。同樣的道理，如果以「DVD 業界市占率高達四成」、「排水檢查件數每年一百五十件」等說法介紹企業，經營業態及規模應能一目瞭然。

　　換句話說，務必以「專有名詞」×「數字」的組合進行表達。例如錄取此人無虞、把工作託付給這家公司大可放心，舉凡這類訴求，一律以短句說明。有些人生性謙遜，不愛張揚自己的學歷、經歷、技能等，不過如此一來，所做的資料將無法被採用。

　　此外，資料提出者及資料中出現的人物，也不宜只寫姓名，最好能在自我介紹中添加特別的宣傳字句，例如「汽車引擎開發資歷二十年田中浩二」，如此一來，對方的積極度也將迥然不同。如果在介紹工作人員的頁面附上大頭照，應能增加一些安心感吧。因為在雙方正式碰面之前，對方就能事先認識人員的長相。

巧妙運用數字和照片進行宣傳

全新開幕
須永婦產科診所

冗長的文章將造成閱讀者壓力。

院長　須永啟介

東部醫科大學及研究所畢業後，任職於公、私立綜合醫院婦產科。專治不孕症。成功治癒的病例眾多，深獲苦於不孕的夫妻信任。座右銘為「創造充滿笑容的孕婦生活」。

雖然包含專有名詞，但缺乏具體性。

全新開幕
須永婦產科診所

置入照片可讓對方產生親切感。

院長　須永啟介

1990年	東部醫科大學研究所畢業　醫學博士	
～2002年	埼玉・櫻花會大宮醫院婦產科	
～2016年	埼玉・蕨市民醫院婦產科主任	

以人工授精成功分娩個案超過300件
日本不孕症治療學會認證醫師

須永啟介

附註年份，以年表方式列出，
藉此具體傳達條理分明的資訊。

目的和架構

寫作

編輯

編排

表格與圖表

圖解

後續動作

1-14 格式

以自訂範本從眾多其他資料中脫穎而出

　　請試著在資料中隱藏公司名稱和姓名，有多少人會察覺這是你做的資料呢？讓對方一拿到手，便知道「這是○○○做的資料」，是非常重要的事。有些公司總是持續使用相同範本製作提案書或新聞稿等，目的就是為了讓外部單位能直覺「這是 A 公司的企劃書」或「這是 B 店寄來的通知」。畢竟要是被人誤以為是其他公司的資料，那可就麻煩了。

　　持續採用相同色彩、風格、商標等，有助於建立品牌形象。換句話說，讓資料「外觀」充滿特色，可提升個人或公司的價值。有許多競爭對手報名參加的競稿（審查會），為了確保公正，通常規定不得標示公司名稱。這時，只要藉由向來的格式展現出「個人風格」、「自家公司風格」，將比較容易脫穎而出。

　　然而，並非使用相同格式便毫無問題，其實力求個性化至關重要。打個比方來說，PowerPoint的「佈景主題」或「線上範本」中的格式，不僅十分美觀，而且能輕易活用。不過，這類格式可能有數萬人使用，因此評審一看到，或許會立刻聯想：「喔，原來是那個範本的格式啊。」

　　舉凡色彩和字型的挑選、頁碼、商標位置等，製作資料時得決定的編輯項目非常之多，不過只要頭一次設定妥當即可。光憑如此，就能讓他人認知這份資料出自誰之手，因此備妥自訂範本相當值得一試。

　　以我個人為例，包括名片、賀年卡等個人印刷品，已經使用同一個範本超過十年。靠著持之以恆的毅力，大家終於認知了我的專屬格式。

以固定範本展現一致性和特色

小型婚禮
的優點

最棒的盡孝方式

— 3 —

渡假婚禮的優點

可以順便渡蜜月

4

資料的配置方向、文章和視覺圖像的量感等缺乏一致性。
協調感與穩定感不足，導致資料的可信度偏低。

After

小型婚禮的優點　　　　　　*Stela Wedding*

最棒的盡孝方式

P3

渡假婚禮　　　　　　*Stela Wedding*

可以順便渡蜜月

P4

資料的配置方向、文章和視覺圖像的量感等具有一致性。
因此即使資料內容相異，依然保有一貫性，足以信任。

目的和架構

寫作

編輯

編排

表格與圖表

圖解

後續動作

I-15　著作權

一邊捍衛版權，一邊建立品牌形象

　　資料、網站、圖片或照片下方，想必經常看到標有「copyright　公司名稱」的字樣。這稱為「著作權標示」，專門用來聲明著作權屬於哪裡的誰所有，目的為提出警告，以避免有人剽竊企劃書的構想做出山寨版，或是複製抄襲照片、音樂等。

　　著作權標示由該項著作的發表（製作）「年份」和「著作權者」兩個部分構成，基本的標記方式為「©2011 DIAMOND, Inc. All Rights Reserved.」。©為copyright的縮寫符號，因此如果要以最簡短的方式標記，可如「©2017 Microsoft」一般，只寫出「©」＋「年份」＋「公司名稱」，同樣能主張版權。由於資料的每一頁都應該置入著作權標示，而不是只針對某個部分，因此不妨採用頁尾設定。

　　著作權在全球各地都應該受到保護。由於針對海外也要宣稱「版權所有，翻印必究」，因此為了讓任何母語的對方都能明白這一點，務必以英文和數字標示。其實（C）的標示方式也時有所見，原因多半是不知該如何輸入©的符號，或是作業系統本身無法顯示©，所以只好以（C）代替。如果是微軟產品，可以用滑鼠點選〔插入〕中的〔符號和特殊字元〕來輸入©。此外，年份務必採用西元的寫法。

　　將著作權標示置入所有頁面中的另一個好處，就是每一頁都會出現公司名稱。在第三頁看到DIAMOND，在第九頁又看到DIAMOND，無形之中，公司名稱將深深烙印在閱讀者的腦海裡。除此之外，確實附上著作權標示的資料，感覺更值得信任。

正確的著作權標示有助於提高可信度

應考APP　Ucaré 使用方法

① ══════════
② ══════════
③ ══════════

禁止擅自翻印

中文警語無法通行海外。

應考APP　**Ucaré** 使用方法

① ══════════
② ══════════
③ ══════════

Copyright 2017 Diamond Co., Ltd. All Rights Reserved.

Copyright 2017 Diamond Co., Ltd. All Rights Reserved.

| 得以©替代 | 有些公司會
省略年份 | 正確使用
縮寫符號 | 複數型 | 句點 |

由交件截止時間點反推，
決定資料的精細度

　　我以前在公司負責製作資料時，通常會準備一些便條紙（別稱・交辦事項備忘紙），用來記下社長或主管交代的資料製作指示。每當對方找我過去，我必定帶著便條紙報到。雖然我會以本章第五節介紹的6W2H進行提問，然後猶如填寫病歷似地逐一筆記，但我向來最先確認「WHEN」（何時？）。因為要是兩小時後就得交件，我得盡快聽完指示並結束討論，否則將來不及製作資料。期限最短如「我十五分鐘之後就要外出，在那之前把資料備妥」，最長則如「一個月後將參加比稿，進度掌控由你全權負責」，差異之大可見一斑。

　　無論遇上哪種狀況，都應該全力以赴，以求做出完美的資料。不過「兩小時內完成」、「一天之內完成」和「一週之內完成」，根本不能混為一談。

　　首先，期限的掌握必須精準到截止時刻，其次還得確認該用什麼形式準備資料，大抵可分為檔案和書面兩種形式。切勿小看列印、影印及裝訂作業。除了製作資料本身所需時間，其他連影印機故障、紙張或碳粉不足等狀況都得列入考慮，以此反推預估實際可用的製作時間。

　　如果只有幾小時能製作資料，恐怕只能利用過去的資料修改專有名詞，重新提出吧；如果有好幾天的時間，便能召集相關人員聽取意見或開會討論，然後分工進行準備；至於離截止日期還有一個多月的大型專案，甚至能將部分作業委外製作，藉此提高內容的精細度。無論是哪種狀況，不妨先和周遭的人討論確認：「資料如此準備妥當嗎？」

第 2 章

讓資料立即
拍板定案的專業
「**寫作**」技巧

2-01　標題①

以一行字擬訂得以洞悉內容的標題

　　書籍和DVD有句名言：「買書看書名，買影片看片名。」換句話說，即使不清楚內容為何，只要書名或片名夠誘人，便會不禁掏錢購買。同樣的道理，資料也能單憑標題緊抓住對方的心。畢竟要是無法讓對方拿起來翻閱，根本無後續可言。

　　假設公司內部某個專案的徵才條件為「提出應徵動機的書面說明」，要是標題就訂為「應徵動機說明」，不僅同於其他競爭對手，收件者也無法得知內容為何。基於此故，務必擬訂符合自身狀況的標題。例如：「兩年後成為管理營養師」、「記取失敗的教訓，成為能帶領下屬的店長」……如果訂出這樣的標題，對方肯定很想瞧瞧內容吧！

　　思考一行就能理解概要的標題時，字數愈少愈好，這樣對方才能一看就懂。例如，「Yahoo！JAPAN」主頁中央的新聞標題字數，總計十三個字。想必你就是單憑這幾個字，點閱自己感興趣的標題。網路屬於陸續開啟網頁瀏覽的媒體，正因為「Yahoo！JAPAN」自知在如此短暫的秒數中，能夠吸引目光的字數為十三個字，所以才有這樣的規定。其實還有更短的標題，那就是報紙的電視節目欄。雖然每行只有十個字，卻一樣能吸引觀眾收看節目。想要擬訂簡短且撼動人心的標題時，這些範例應能提供參考。

　　至於縮減字數的方法，最具代表性的就是縮短單字。例如把「Tigers」（日本職棒隊名）改為「阪神」，甚至只寫成「虎」，藉此騰出的字數，便能用來增加其他資訊。此外，專有名詞過長時，也能採用引發對方聯想的手法，例如只寫出「晨間劇女演員」，讓人自行猜想莫非是那個人？換句話說，**可以先寫出讓人理解全文的一行字，然後搜尋簡化的說法，最後再思考得以替換的其他表達方式。**

以單一標題緊抓人心的方法

2017年度 下期
新產品開發計畫

靜岡研究所
製粉部

直接把議題當作標題，無法推測內容為何。

減少字數，活用符號，
讓對方秒懂。

2017年度 下期
新產品開發計畫

熱量↓20%
鬆餅專用粉的開發

靜岡研究所
製粉部

從封面的一行字便能秒懂所寫內容。

一旦加入數字，
內容將變得更加具體。

目的和架構

寫作

編輯

編排

表格與圖表

圖解

後續動作

2-02　標題②

附加閱讀者的利益和數字

　　逛街選購時，我們總會不自覺地拿起「略勝一籌」的商品，例如價格比較便宜、顏色特別喜歡等。其實，這就是所謂的利益，我們必須研究對方眼中的利益為何，然後置入資料之中。雖然內文也得蘊含利益，不過就標榜利益而言，成效最佳的還是首推標題。

　　人眼在數秒當中接收的資訊，往往以「大」、「花俏」等醒目的物件為優先，其次才會注意自己感興趣的視覺圖像或文字。如果屬於資料顏面的標題中，含有對方眼中的利益，對方肯定會仔細閱讀標題；反之，要是對方感覺興趣缺缺，則會刻意忽略標題資訊。

　　針對在乎自身體重的對象，介紹可以有效減肥的運動方法時，要是標題訂為「天野體操介紹」，恐怕對方連看一眼都沒興趣。然而，如果把標題改為「能練出小蠻腰的天野體操」，結果將會如何呢？對方應該會幻想自己腰圍縮水，進而躍躍欲試吧。除此之外，還有把數字置入標題中的進階版技巧。如果標題訂為「五天內練出小蠻腰的天野體操」，更能具體地讓對方理解個中利益。

　　換句話說，即使標題只有一行，仍然要以「利益」×「數字」為基本原則。只要貫徹這項原則，將能做出打動對方的資料。

　　至於所謂的利益究竟有哪些種類？如同 1-11 所述，可分為「物質層面」和「情感層面」兩種。存在競爭對手時，或許就效能和好處而言，自己的資料顯然不如對方，不過，針對情感層面的利益，卻有極大的訴求可能。此外，與提案相關的數字也必須列出。例如「『三分鐘內』×『讓人心曠神怡』的○○」，運用這樣的搭配組合，將能訂出吸引力十足的標題。

以「利益×數字」，訂出打動對方的標題

Before

活頁簿記憶法介紹

日本記憶力強化協會

即使理解服務內容，也不清楚具體效能為何。

After

針對有這類煩惱的人，運用數字介紹解決對策。

「3天熟記200個單字！」
推薦使用活頁簿記憶法

會員數多達5萬人
日本記憶力強化協會

連組織名稱都活用數字加以標榜，對方的理解將更為具體。

2-03　副標題

將標題一分為二，看起來更清楚

雖然資料的標題愈短，愈能撼動人心，不過有時基於某些因素，怎麼也無法縮短，這時有個絕招，就是把標題一分為二。雜誌報導的標題字數有嚴格的限制，但自己動手製作的資料，則可以稍微變通一下。

這個絕招有兩種做法。一是在主標題的後面加上副標，例如：

「重視投資報酬率的公寓經營」～光靠壁紙，租屋者便蜂擁而至～

諸如此類的樣式，常見於書籍或演講等的標題中。

另一個做法，則是把副標題放在前面，例如：

三年後共計一百家分店「為了拓展新店面的土地取得計畫」

由於副標題被列在主標題上方，因此日本廣告業界通稱這種樣式為 shoulder copy。

分解標題時的編排方式不勝枚舉，但重點是明顯分成兩句，而非連成一整句。最簡單的做法就是按下換行鍵分成兩行。其次必須強弱有別，讓人一眼就能分辨主副標題。例如主標題採用粗體醒目的字型、放大字級，並使用亮眼的色彩；副標題採用細體字型、縮小字級，並使用與內文相同的色彩。只要讓兩者有所差別，對方將能理解孰為主，孰為副。

此外，還能加上外框線，或是組合排列「圖說文字」、「爆炸」等圖案，藉此淡化「密密麻麻都是字的印象」。

原則上主標題必須掌握基本內容，副標題則可添加一些煽動性的字句，讓對方產生興趣。

較長的標題可一分為二

Before

透過入口網站橫幅廣告讓網頁瀏覽量倍增的網路行銷現狀

2017年7月1日
株式會社Neteria

標題太長，得花些時間才能看懂。

After

透過入口網站橫幅廣告讓網頁瀏覽量倍增

網路行銷現狀介紹

2017年7月1日
株式會社Neteria

即使內容相同，如果加以斷句，並讓字型外觀強弱有別，將變得容易理解。

目的和架構

寫作

編輯

編排

表格與圖表

圖解

後續動作

2-04　頁面標題

讓對方光憑瀏覽單元標題，就能了解全貌

　　收到資料時，有些人會考慮是否閱讀，或是該如何處理，這時可做為判斷依據的就是單元標題。想必沒有人會從頭一字一句地閱讀報章雜誌吧？大家往往先瀏覽單元標題，然後只挑自己有興趣的報導深入閱讀。雖然單元標題的功能，本來就如同為了吸引眾人目光的招牌一般，專門用來向閱讀者喊話：「請仔細閱讀當中的內容。」不過，最理想的單元標題，則是寫到一看就能掌握資料全貌的程度。

　　如果資料共有十頁，扣除封面後剩下九頁。九個單元標題的話，快速翻閱一下，大約三十秒就能看完。所謂光憑單元標題就能讓對方了解整體概略，如果拿建築物做比喻，就像搭造柱子或骨架一般。以書籍來說，只要瀏覽詳列單元標題的目次，就能理解全文從頭到尾的來龍去脈。同樣的道理，大家不妨在資料的每一頁，寫出讓對方理解內容的頁面標題（單元標題）吧。

　　一般而言，思考單元標題和排序，就是在建立整體的架構。例如：「從個人零資金展開的群眾募資」（結論・主題）→「募資網頁製作方法」→「增加網頁訪客的社群網站活用法」→「募集捐款的人氣優惠活動」。其次不妨思考一下，在這些標題的頁面（容器）中，要置入什麼樣的資訊吧。這時候的重點，就是單元標題的配置位置及文字種類、大小等格式。以本書為例，在每一頁的相同位置都能看到單元標題，因此無論翻到哪一頁，應該都知道這就是單元標題。

　　把單元標題配置於固定位置的好處，就是閱讀者可因此專注於內容之上。標題寫在哪裡？哪裡是重要的部分？這些在頁面中搜尋資訊的壓力，都不要加諸在對方身上，讓對方得以順暢無阻地閱讀資料，進而獲取對方的同意。

固定頁面標題的位置

Before

看不懂內容為何的單元標題。

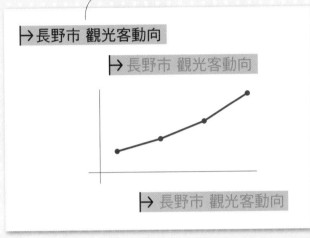

如果每一頁的單元標題位置各不相同,對方將看得頭昏眼花。

After

以一行字寫出此頁
想要傳達的訊息。

固定配置位置,讓對方
察覺這就是單元標題。

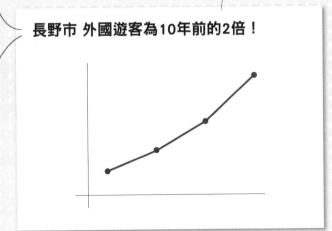

只要確認這個位置的單元標題,就能掌握資料全貌。

2-05　內文①

每一頁只傳達一個訊息

　　各位是否曾經看過一頁當中存在數種圖表的資料？有些人甚至會說：「我做的資料就是這樣。」特別是營業會議之類的資料，這種傾向尤其顯著，舉凡本期與次期、產品Ａ與產品Ｂ、營業額與利潤等，將相異的內容拿來比較，或是圖表塞爆整頁的情形時有所見。或許大家覺得這麼做相當省紙，不過就「表達」的觀點來說，頁面過於擁擠只會適得其反。

　　要把多種要素匯集於一頁之中，實際上並非難事，然而進行說明時，卻只能闡述一件事。**猶如無法同時開口說日文和英文一般，產品Ａ和產品Ｂ的說明，其實無法並行。**

　　就算你暗自盤算「希望對方先看左上方的圖表，最後再看右下方的圖表」，恐怕對方依然逕自先看其他圖表。**由於同時存在過多資訊，以至於狀況的發展無法如自己所願。**一旦對方走往他處，望向他方，最後資料慘遭否決，也是無可奈何之事。

　　基於此故，資料也得分成兩頁。尤其是PowerPoint投影片之類的橫向配置資料，更該採用這樣的做法。這種資料的最大特色就是如紙芝居（源自日本江戶時代，以紙偶或紙卡說演故事的戲劇表演）一般，會逐頁出現不同的內容。換句話說，就是每一頁只傳達一個訊息。例如，如果在「鹿兒島分店營業額對去年成長兩成」的說明一旁，同時附註「鹿兒島分店的獲利微幅衰退」，兩者的訴求力道將雙雙下滑。原本打算提供雙倍的資訊量，結果卻相互抵消歸零。為了避免如此，不妨採用「分割」的做法，而非「捨棄」。堅持每頁只傳達一個訊息，肯定能讓對方理解想要表達的全部內容。

視覺圖像也要落實每頁只傳達一個訊息

資訊過多，
搞不清楚該掌握什麼資訊。

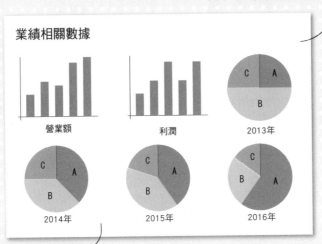

搞不清楚應該先看哪個圖表。

這一頁只傳達一個訊息。

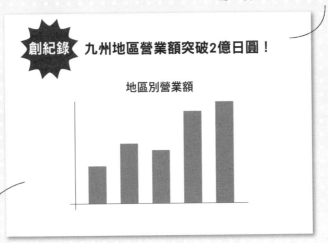

一個訊息只搭配一個相關的視覺圖像。

2-06 內文②

縮減字數，讓對方秒懂內容

　　字典和電話簿之類的資訊姑且不談，傳達訊息的資料應以容易閱讀為要。文字不能當成圖案或版面設計來處理，而是要講求能否成為言之有物的文章讓對方閱讀，並且消化吸收。

　　一般人於一分鐘內，大約能閱讀一千字。換句話說，三十秒能讀取五百字，如此一來就同於電視廣告的速度，十五秒得讀取兩百五十字。如果是興趣缺缺的主題，讀取的字數將變得更少。縱然無法傳達訊息也是個問題，不過一旦字數太多，白紙將變成黑壓壓的一片，同樣是個問題。

　　為了讓對方願意閱讀資料，減少字數是必須面對的課題，解決對策有二。一是每段文章皆壓縮於五句之內，另一個對策則是每句話力求簡短。所謂簡短的句子，通常由精簡的兩句話構成，例如：「○○＋怎麼了」、「宛如○○的＋△△」。換句話說，就是完全沒有使用「以及」、「且」、「但是」、「然後」等連接詞相互銜接的語句。此外，例如「期待已久」、「我十分明白有關～之事」等用來裝飾‧強調內文的語句均屬多餘，一律予以刪除。

　　資料是否容易閱讀，問題不在於頁面的字數而已，一行的字數也有所關聯。即使同為兩百字，「五十字×四行」和「二十字×十行」相比，感受性與容易閱讀的程度也都截然不同。例如電子報等媒體，就顧慮到這個問題，因此三十字左右便會換行，而且在低頭族大增的現代，更把一行的字數設定為十二～十五字。

　　製作資料時，如果能運用換行，把內容切割成幾個短句構成的段落來呈現，將變得更容易閱讀。此外，要是再進一步加上外框線，或是採用圖說文字形式，由於每個段落變成各自獨立的單元，即使字數維持不變，對方也能秒懂各個段落的內容。

讓密密麻麻都是字的頁面變得清爽無比

Before

密密麻麻都是字，頁面黑壓壓的一片。

新進員工的煩惱

訪談日期　6月30日

- 對人際關係感到不安「不清楚應該和主管及前輩親近到什麼程度。」
  （營業部‧男性）……共計25人
- 電腦操作「原以為研修時才會接受指導，沒想到突然被要求實際動
  手操作，感覺十分苦惱。」（研究部‧男性）……共計17人
- 上班時間「公司前輩一旦加班，就不知如何拿捏自己下班的時機，
  感覺十分苦惱。」（人事部‧男性）……共計12人
- 個人問題「一想到不能遲到就遲遲無法入睡，經常感覺睡眠不足。」
  （公關部‧女性）……共計8人
- 專業知識「雖然自稱分配到哪個部門都無所謂，但其實完全不懂程
  式語言。」（開發部‧女性）……共計5人

看完全文卻難以理解。

每行的字數過多，
要看下一行時，很容易看錯行。

After

新進員工150名
訪談結果

我們對這些問題感到苦惱

訪談日期　6月30日

對人際關係感到不安「不清楚應該
和主管及前輩親近到什麼程度。」
（營業部‧男性）……共計25人

電腦操作「原以為研修時
才會接受指導，沒想到突
然被要求實際動手操作，
感覺十分苦惱。」（研究
部‧男性）……共計17人

個人問題「一想到不能遲
到就遲遲無法入睡，經常
感覺睡眠不足。」（公關
部‧女性）……共計8人

上班時間「公司前輩一旦加
班，就不知如何拿捏自己
下班的時機，感覺十分苦
惱。」（人事部‧男性）…
…共計12人

專業知識「雖然自稱分配
到哪個部門都無所謂，但其
實完全不懂程式語言。」
（開發部‧女性）……共
計5人

只要採用圖說文字形式，
段落將各自獨立，清楚明確。

即使字數相同，只要每行字數減少，
就比較容易閱讀。

2-07　內文③

以「名詞結尾句型」撰寫，
而非「丁寧體」

　　資料的內文應該採用「丁寧體」（敬體），還是「普通體」（常體）？如果提交的對象是客戶或長官，多半認為應該採用以敬語撰寫的「丁寧體」。不過，要是把對方視為閱讀者，則未必非得如此。例如「本章將介紹系統A的開發過程」，雖然這種寫法十分中規中矩，但由於字數略多，讀起來較為吃力。要讓對方閱讀資料內容，只需寫出主旨「系統A的開發過程」就行了。

　　翻閱報紙上的報導，應該沒人寫成「內閣預定總辭」、「有樂町發生火災」吧？換句話說，沒有一篇報導採用「丁寧體」來撰寫，而是寫成「內閣總辭」、「有樂町火災」等名詞結尾句型。資料的理想文體也是名詞結尾句型。

　　採用名詞結尾句型的好處，首推能減少字數。如此一來，頁面的資訊量變少，核心思維將得以直接傳達。除此之外，省下來的字數還能用來添加其他資訊，例如：「兩天內　內閣總辭」、「有樂町火災　死傷四人」。至於另一個好處，就是能避免說法迂迴，讓語句強而有力。

　　或許有人擔心一律採用名詞結尾句型的資料，恐怕會失禮於對方。這時只要寫成「開頭　丁寧體」＋「內文　名詞結尾句型」就行了。這是通知函、委託函等一般商業書信的基本寫法。只有涉及問候致意的內容或說明使用「丁寧體」，內文寫成條列式，至於圖表旁的附註說明，就採用名詞結尾句型。

　　最重要的是文體必須前後一致。採用名詞結尾句型的資料中，要是摻雜著「丁寧體」與「普通體」，將導致全文極不協調。

以「名詞結尾句型」濃縮字數

遠藤先生

2017年3月5日
水道便利社

漏水調查報告

附註

1. 作業日期
   2017年2月27日　14：00～15：00
2. 作業內容
   漏水調查
3. 檢查時狀況
   由於浴室漏水，導致地面積水10cm。水龍頭
   有生鏽情形，研判這就是導致漏水的原因。
4. 今後對策
   已與廠商確認零件尚有庫存，因此建議除了
   浴室之外，連同廚房、洗臉台的水龍頭也一
   併更換。

以 上

經辦：中野

文章一旦過長，
對方想知道的事實
將被隱沒。

After

遠藤先生

2017年3月5日
水道便利社

漏水調查報告

已完成您委託的漏水調查，謹報告如下。

附註

1. 作業日期
   2017年2月27日　14：00～15：00
2. 作業內容
   漏水調查
3. 檢查時狀況
   ・浴室　積水10cm
   ・水龍頭　生鏽
4. 今後對策
   ・更換3處水龍頭
   （浴室、廚房、洗臉台）

以 上

經辦：中野

資料的提交對象為客戶，
因此開頭採用「丁寧體」
的問候語。

報告內容為條列式，
同時採用名詞結尾句型，
不用「丁寧體」。

目的和架構

寫作

編輯

編排

表格與圖表

圖解

後續動作

2-08　客製化

加入專有資訊，讓對方覺得「這是特別為我準備的資料」

　　拿到資料時，是否曾經覺得這是發給任何人都行的「現成資料」？反之，應該也曾覺得這是特別為自己製作的資料吧。要是問兩者差異何在，那就是資料中是否充滿為對方「特別準備的內容」。

　　其中之一就是專有資訊。就算寫了收件者，要是寫成「各位考慮遷廠的經營者」、「各位股東」，這些都屬於廣泛的稱謂，也就是「別人」，因此拿到資料的人毫不覺得自己就是「當事人」。如果改寫成「致東洋補給」、「戶田恭一先生」，大家感覺如何？想必會瞬間改變心態，認真地看起資料來。旅館的大門口之所以張貼著「歡迎ABC公司蒞臨」的海報，用意就是以專有名詞表達熱烈歡迎之情。

　　然而，一旦置入專有名詞，就不適用於其他對象。由於無法將同一份資料拿給西洋工業或森田先生，因此製作資料變得比較費事。或許這種做法有些捨近求遠的感覺，不過，正因為費工夫向對方表達：「戶田先生，讓我為您分擔煩惱吧。」此舉將成為讓對方點頭同意的捷徑。

　　不只是寫上收件者而已，所介紹的事例，也得完全符合對方的狀況才行。打個比方來說，假設要製作一份建議消費者進行住宅改造的資料。雖然一樣是住宅改造，不過夫婦三十多歲的四人家庭，與夫婦六十多歲且兒女已各自獨立的家庭，彼此的推薦方案肯定不同。此外，提供參考的照片、圖面及運用的行銷話術也有所差別。針對自稱「夢想擁有寬敞廚房」的潛在顧客，如果讓他瞧瞧寬敞廚房的範例照片，他將會覺得「設計師太了解我了」，進而變得躍躍欲試。

　　應該加入的資訊，並非多數人想要知道的內容，只要寫出收件者需要的資訊就行了。

製作客製化的資料，營造對方專屬的感覺

規劃方案讓人難以想像自己
實際入住的狀況。

綠寶石系列
2018簡介

閃亮房屋

就算讓對方看到商品全貌，
對方依然有事不關己的感覺。

2F規劃方案

洋房	↓
主臥房	書房

寫明收件人，
變成專屬資料。

康田弘行 先生

綠寶石
流山之森
簡介

閃亮房屋

只介紹潛在顧客
希望地區的物件。

寫上姓名，讓對方
覺得「這是特別為我
量身打造的規劃」。

康田公館 2F規劃

兒童房1	兒童房2	↓
主臥房	兒童房3	

針對有三個孩子的家庭，
提出的規劃必須以此為前提。

目的和架構
寫作
編輯
編排
表格與圖表
圖解
後續動作

2-09 條列式寫法

以條列式撰寫冗長艱澀的文章，讓對方瞬間秒懂

　　要讓對方憑視覺掌握冗長的文章，秒懂內容，方法之一就是採用條列式寫法。例如：「本產品既耐用，安全性又高，尺寸也相當豐富。」這句話即可改寫為：「■耐用　■安全性高　■尺寸豐富」。

　　雖然條列式寫法十分方便好用，不過有幾個注意重點。首先，就是**得寫成簡短的一句話**。如果每項內容長達兩三行，將有違讓對方秒懂的初衷。此外，要是列出的項目多達十五個，實在稱不上簡短扼要。項目的個數不妨控制在三到五個，再多也不要超過十個。

　　其次，**必須縮小各項字數的落差**。如果緊接在「（1）速度」之後的是「（2）藝術性極高，曾榮獲世界藝術大賽銀牌」，由於視覺比例不均，以至於腦袋無法消化個中內容。換句話說，各項的字數務必盡量接近，例如：「（1）速度　（2）藝術性　（3）娛樂性」。

　　最後一個重點，就是**必須判斷只要並列寫出即可，還是有先後順序之別，然後據此調整內容**。例如，本店的拉麵有「・醬油味　・鹽味　・味噌味」，這種寫法並未區分各種口味的優劣。然而，如果寫成本店的拉麵人氣排名是「①醬油味　②鹽味　③味噌味」，這時的排序便具有意義。條列式寫法的各項開頭符號稱為「項目符號」，並列的項目可標記不具順序的「・」，要是各項有優劣之分，則可標記「①～③」。如果把兩種狀況搞反，將造成對方的誤解。今後針對自己所列的各項要素，究竟屬於「單純並列」，還是「具有先後順序」，務必仔細確認。

　　當條列式寫法多達十項以上，也能以分層的方式進行整理，例如：大項目→中項目。

讓條列式寫法一目瞭然的整理訣竅

Before

秋季美食展

企劃部

- 栗子
- 南瓜
- 地瓜
- 進貨對象
- JA富山西
- 秋元農園
- 三浦商事
- 加工
- 總公司工廠
- 車站商場分公司
- 銷售
- 總店
- 富山車站大樓店
- 梅屋百貨店

雖然比冗長的文章容易閱讀，
但無法了解分類和層次關係。

After

秋季美食展

企劃部

使用食材

- 栗子
- 南瓜
- 地瓜

美食展準備流程

（1）進貨對象
- JA富山西
- 秋元農園
- 三浦商事

（2）加工
- 總公司工廠
- 車站商場分公司

（3）銷售
①總店
②富山車站大樓店
③梅屋百貨店

由於準備流程有先後之分，
因此加註數字。

每個層次皆採用縮排設定。

各流程之間空行區隔。

如果各分店有等級之分，
也要加註數字。

目的和架構

寫作

編輯

編排

表格與圖表

圖解

後續動作

2-10　數字化

以數字魔法讓訴求力驟升

　　讓冗長說明瞬間濃縮的絕招，就是數字。**畢竟數字是世界的共通語言**，無論看到、聽到的人是誰，接收到的資訊全都相同。而且，告知對方「四秒」、「二十七公里」，花費的時間不到兩秒。能以秒速正確傳達資訊的工具，就是數字。

　　即使描述為「超低的成本」，但究竟低到什麼程度卻不得而知。這時不妨加上數字，寫成「業界平均每月兩萬日圓，本公司八千九百日圓」，便能具體表達成本超低的程度。如果採用「買一送一」的說法標榜「便宜」，對方將能理解優惠的程度為兩倍。此外，針對「快來搶購」一詞，只要加上「明天十五號晚上九點以前」等具體數字，就能讓原本認為「現在不買也沒關係」的人，立刻改變主意：「現在非買不可！」

　　基於此故，不妨檢視一下你做的資料。當中是否加上了數字？要是毫無數字存在，將變成一份抽象的資料，因此務必查詢數據，然後加入資料之中。雖然任何數字感覺都十分具體，不過最能打動人心的數字則是「第一」。你有什麼名列第一的紀錄嗎？舉凡世界第一、日本首創等，任誰都會想要關注。就算不是大企業，也能找到號稱第一的頭銜。以我個人為例，如果把「全球唯一簡報諮詢顧問」的頭銜置入封面標題、單元標題，或是我最想表達的主訴求中，想必效果立見。

　　由此可見，光運用數字，便能強化資料的訴求力，只要確實掌握攸關個人或自家公司的數據，便能透過數據加強表達力道。搭乘電車或上下樓梯時，不妨針對所見所聞，特別留意數字的部分，一旦養成習慣，活用數字的表現手法將變成自己的拿手絕招。

利用數字標榜「優惠程度」和「期限」

Before

不清楚一片披薩的尺寸和價格，
無法感受優惠的程度。

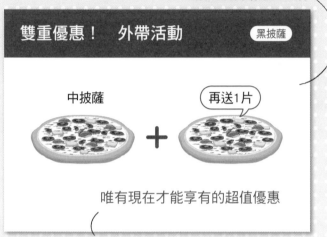

雙重優惠！　外帶活動　　　黑披薩

中披薩　　　　　　　　再送1片

唯有現在才能享有的超值優惠

不知道「現在」所指的截止日為何，無法刺激購買慾。

After

尺寸和價格都具體標示，
可秒懂優惠程度。

雙重優惠！　外帶活動　　　黑披薩

中披薩（直徑25cm）　　　　再送1片

2500日圓　　　　　　　2500日圓

原價5000日圓，特價2500日圓！

東海地區限定　5月31日前

透過期限的設定，讓人想在活動截止之前嘗試看看。

目的和架構

寫作

編輯

編排

表格與圖表

圖解

後續動作

2-11　三大主題化

如果能濃縮成三項來表達，將使對方牢記在心

　　密密麻麻塞滿大量資訊的資料，應該一點都不想看吧？就算真的瀏覽，也會因為抓不到重點而無法牢牢記住。

　　在此為大家推薦一個古今中外共通的黃金定律，那就是「傳達資訊頂多三項」的做法。想必各位馬上就有概念了吧。舉凡三原色、日本三大夜景、料理的等級分成松竹梅等，全是以三項一組的方式熟記腦中。此外，全球最高的電塔「東京晴空塔」也是靠三根支柱屹立不搖。應付考試時，必須熟背的重點不少，不過在毫不費力的情況下，無意間能熟記的重點頂多三個。一旦告知考生四個重點，只要對方沒有卯足全力熟記，肯定記不起來。

　　打算全部讓對方知道而提了十個資訊，結果對方確實收到的資訊，往往可能「掛蛋」。**無論資訊量多麼龐大，務必徹底遵守「傳達資訊頂多三項」的原則。不過，個中意涵並非為了堅守原則，就得捨棄三項之外的全部資訊。其實真正的用意是希望大家把大量的資訊，重新彙整為三個群組來表達。**就算有十三個部門，兩萬本藏書，也都能歸納成三個主題加以介紹・說明。

　　具體來說，可採用三個步驟，把資訊濃縮成三項。**首先，集結屬性雷同的資訊，分成三個群組；其次，思考各群組的特色；最後為各群組的代表名稱命名。**打個比方來說，如果要以三種類別介紹「赤井、中川、原野……」等四十七名員工，即可區分為「營業組、製作組、事務組」。

　　只要把資訊整理成三項，將能瞬間掌握整體，而且容易熟記；只要堅守傳達資訊頂多三項的原則，將能做出令人理解且記憶深刻的資料。

將資訊重新整理成三個群組

Before

東武
102
網路店家商品明細

針織毛衣、短褲、涼鞋、
高跟鞋、皮帶、連身洋裝、
西裝、領帶、裙子、襯衫、
襪子、T恤

　　　　　　　　　　等等

內容隨意列出，無法理解・記憶。

After

東武
102
網路店家商品明細

男士	女士	兒童
西裝	連身洋裝	T恤
襯衫	裙子	襪子
領帶	針織毛衣	短褲
皮帶	高跟鞋	涼鞋
等等	等等	等等

把內容依屬性分成三大類，藉此讓人理解熟記。

目的和架構
寫作
編輯
編排
表格與圖表
圖解
後續動作

2-12　單句化

費心備妥永久性的單句與一次性的單句

在大約二十人的聚會中進行自我介紹時，應該沒有幾個人能同時記住自己的姓名和相關個資吧？只要有人能記住一件事，就算相當幸運，個中原因多半是傳達的資訊過多使然。**畢竟短時間內能夠熟記的資訊以一人一個為限，因此如果打算於短時間內讓對方有所理解，務必濃縮為單一資訊。**

與主管或客戶同搭一部電梯時，乘機進行簡報的行為稱為「電梯簡報」，這項技巧也被活用於自我宣傳。為了讓自己在這種場合中，能以十五秒左右的時間表達要點，務必事先備妥經過總結的一句話。以我個人為例，我向來自稱「『不說話就能贏的簡報專家』天野暢子」，有時還會進一步簡稱為「簡報家天野」。你所傳達的資訊是否精簡至此？這個關鍵句，可活用於標題或個人・自家公司的說明。例如：「上市後狂銷三千個的……」、「二十五年來專職設計的……」等。

然而，並非任何時候都靠同一句話就行了。以上述為例，如果資料中出現多位簡報相關人員，「簡報」就不能當作關鍵詞。這時不妨改為「定居東京的～」、「曾經任職於○○公司的～」等說法，否則，對方應該難有深刻記憶。**換句話說，務必事先備妥幾個能代表自己的單句，然後因時、因地、因人，挑選能吸引對方上鉤的單句進行表達。**

這類單句也能活用數字。例如足球界的「1」，即代表王牌守門員；ART CORPORATION（總公司位於日本大阪的搬家公司）的電視廣告和貨車車體，也都大肆宣傳「0123」（公司電話號碼）。

強打宣傳自我的單句

Before

缺乏總結性的關鍵句,搞不清楚
究竟是從事什麼工作的人。

門司有吾　個人檔案

株式會社Clover社會保險事務所負責人。
擔任社會保險勞務士、
生涯輔導顧問,
主要客戶為中小企業。
同時受託架設各家公司網站。

氣味彌 （KIMIYA／心靈治療師名）

於銀座開設對話療法沙龍,
為您提供25分鐘芳香與對談療程。

不同的工作有不同的姓名,將使對方感覺茫然困惑。

After

於明顯位置寫出讓人
理解專業領域為何的單句。

門司有吾　個人檔案

零加班專家

株式會社Clover社會保險
事務所負責人

2012年　考取社會保險勞務士證照
2014年　考取生涯輔導顧問證照
2016年　考取特定社會保險師證照

「心靈健康 初級講座」講師
座右銘為「10人以下公司的好夥伴」
部落格「人事部員俱樂部」

將主軸工作鎖定於勞工相關事務。

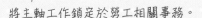

頁首、頁尾是資料的導引

　　資料頁面存在著不甚起眼的區域，那就是頁首和頁尾。所謂頁首就是頁面的上端，頁尾則是頁面的下端，以電腦製作資料時，只要把文字或圖案設定於此，無論是增減頁數，還是改變頁面排序，設定好的資訊一定會顯示於此。

　　最常採用的就是頁碼設定。至於標題等資訊則多半設定於頁尾，以求顯眼醒目。要是缺乏頁碼，萬一未經裝訂的資料不慎撒落一地，將無法恢復原來的排序，而且以資料進行簡報時，也無法要求聽眾：「請翻到第三頁。」雖然設定頁碼是十分基本的動作，不過缺乏頁碼的資料竟然不在少數。拿到資料的人光憑這一點，就能瞬間看透對方的工作能力和認真投入的程度。除此之外，著作權標示（請參照第四十八頁）和「密件」、「禁止影印」等警告字樣，有時也會備註於此。

　　至於頁首的部分，除了會插入範本格式的框線或圖案，也常把頁面標題、公司名稱或商標編排於此。由於對方將不斷看見公司名稱和企業標準色，換個角度思考，等同於把公司名稱和標準色深印對方腦海之中。由此可見，這個部分非得充分活用不可。

　　此外，打算透過資料傳達的口號標語或主要訊息等也能置入此處。如果第二頁和第三十七頁都出現相同訊息，對方在翻閱資料的過程中，或是從中途開始閱讀，都能持續不斷地看到這個訊息。換句話說，個中資訊將能深植對方的潛在意識中。

第 3 章

讓 NG 資料
變成 OK 資料的
「編輯」要領

3-01 字型

排除文字亂碼問題及不協調感的字型挑選心得

　　文字的樣式稱為「字型」，根據使用的場合、傳遞資訊的種類，選用的字型也會隨之改變。優先考慮的重點，應為容易閱讀的程度。不易閱讀的資料，對方根本無法理解。

　　通常字型可區分為「明體」（筆劃粗細有別）和「黑體」（筆劃粗細一致）兩大類。基本來說，如果閱讀文字量較大，例如書籍或講義內文之類，原則採用視力負擔較輕的明體，至於重要的單元標題則採用黑體。以本書為例，內文就是採用明體字，項目名和標題則為黑體字。

　　其次考慮的重點，即為所做的資料是投影片還是紙本。字型也講究流行，目前 PowerPoint 投影片最常採用的字型為黑體之一的「Meiryo 體」。除了筆劃較粗，容易閱讀之外，針對不同作業系統的相容性也很高，因此整份資料採用 Meiryo 體的人不在少數。不過，有些漢字的筆劃粗細不同，這時就會選用其他黑體字型。

　　如果是公司內部文件等書面資料，由於得拿在手上閱覽，因此閱讀的文字量更多。這時大多採用「MS 明體」。字型名稱開頭的 MS 是微軟（Microsoft）的簡稱。凡是冠以 MS 的字型，都屬於微軟產品的內建字型。將自家公司的資料檔案交給廠商或客戶後，這類字型保證能完整呈現，不會變成亂碼，所以十分建議採用這類字型。

基本原則為單元標題採用黑體字，內文採用明體字

應該醒目一些的單元標題採用明體字，
內文採用黑體字，訴求力道將略顯不足。

金融相關內容採用可愛的
海報體或圓黑體有欠妥當。

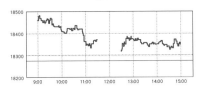

受歐美股價走高影響，日股難見漲勢

日經平均指數　2017年4月×日

×日東京股市日經平均指數開始持續下跌。起始值為18476.55日圓，對
前日下跌101.36日圓。受歐美金融寬鬆政策影響，日幣匯率一度升值至
112.74日圓兌1美元的水平附近震盪，唯恐鋼鐵、汽車等大型股為主的
出口企業獲利衰退而進行拋售的情形，目前持續發酵中。

投影片與資料兼用，
因此單元標題採用Meiryo體字。

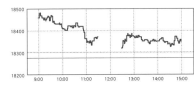

受歐美股價走高影響，日股難見漲勢

日經平均指數　2017年4月×日

×日東京股市日經平均指數開始持續下跌。起始值為18476.55日圓，對
前日下跌101.36日圓。受歐美金融寬鬆政策影響，日幣匯率一度升值至
112.74日圓兌1美元的水平附近震盪，唯恐鋼鐵、汽車等大型股為主的
出口企業獲利衰退而進行拋售的情形，目前持續發酵中。

字數較多的內文以明體字較為合適。

目的和架構　寫作　編輯　編排　表格與圖表　圖解　後續動作

3-O2 字型大小

濃縮為三種字級，
提高資料的易讀程度

　　資料中的文字不宜全文大小一致，務必有所區別。那麼，最好採用哪些字型、幾種大小呢？

　　讓文字大小有別的原因只有一個，就是把希望對方注視的文字變得醒目。「醒目」的基本定義，就是「與其他部分迥然不同」。即使自認為字級愈大愈好，而一律設定成較大的級數，由於全文字型大小一致，導致頁面缺乏強弱有別的層次感。反之，就算細分成十種左右的字級，對方也無法察覺個中差別。由此看來，把文字濃縮為幾個差異懸殊的種類，的確有其必要。

　　認知心理學權威的海保博之教授主張「字型種類×字級種類＝六種以內」最為理想。換句話說，如果選用黑體和明體兩種字型，字級最好別超過三種。或許大家覺得這樣未免太少，不過以本書為例，不看右頁圖表的話，我只把文字分成「項目名／項目標題／內文」三種字級。字級的差異，只要讓閱讀者得以不自覺地區分「大／中／小」，就綽綽有餘了。

　　話說回來，大家知道電視新聞的單元標題（字幕），規定上限為十六個字嗎？由於字幕只在畫面上停留三秒鐘，經過長年的研究，終於確認大眾看了之後得以消化吸收的字數，換算成單元標題的話，就是每行十六個字。以這樣的字數來思考，將發現「四十級的字級太大」。換句話說，得以從字數反推，確定最適於文字所在版面的字級大小。不過，也不要為了表述三十個字，就便宜行事地縮小字級，務必同時思考濃縮字數的可能性。

活用大中小三種字級，讓內容清晰明確！

Before

個人編號　實務**4**大階段

針對管理職（課長以上）舉辦運用研習課程

 取得　　收集全體員工個人編號

保管　　嚴加保管，避免資料外洩

使用　　辦理各項手續時，務必妥善使用

廢棄　　不需要時，務必妥善廢棄

字型大小一旦多達七種，對方將難以分辨差異。

After

只要把字級濃縮為三種，
對方將能區別大中小。

個人編號　實務**4**大階段

針對管理職（課長以上）舉辦運用研習課程

 取得　　收集全體員工個人編號

保管　　嚴加保管，避免資料外洩

使用　　辦理各項手續時，務必妥善使用

廢棄　　不需要時，務必妥善廢棄

只要分為頁面標題、小標題、內文等三種字級便綽綽有餘。

目的和架構

寫作

編輯

編排

表格與圖表

圖解

後續動作

3-03　文字的強調

不宜設定底線和斜體，以改變字型或色彩加以強調

　　用來強調詞句或單字的裝飾設定中包含「底線」。檢視大量資料後，不難發現製作資料經驗愈少的菜鳥，使用底線的傾向愈強，反觀高手則往往不用底線。這是因為底線會讓頁面變成黑壓壓一片，干擾本該傳達的資訊。此外，由於經驗愈少的菜鳥，設定底線的部分通常愈多，因此最後將搞不清楚究竟哪裡才是文章真正的重點。

　　現今於文字下方加上底線，另有其他含意。例如電子郵件信箱或網址便經常附有底線，凡是加了底線的文字列，一律代表「可供點擊」，意味著「點擊此處可連結至其他網頁」。明明附有底線，卻無法連結至其他網頁，將令閱讀者期望落空，進而被視為不夠貼心的資料。

　　另一個常見的強調手法，就是把文字設定為斜體。以「*鑽石社*」為例，將文字打斜時，的確能察覺字體異於其他部分，不過如此一來，不僅公司名稱既有的形象瞬間瓦解，由於文字歪斜不正，因此欠缺穩定感。由此看來，還是別用斜體字吧。

　　那麼，打算強調文字時，應該怎麼做才好呢？解決對策不勝枚舉，包括：①只有這個文字列設定為其他字型、②放大字級、③改變色彩等。打個比方來說，如果內文字型為明體，只要針對打算強調的部分改為黑體，必定變得極為醒目。至於注解等不希望過於突顯的部分，也能採用縮小字級的手法。此外，只要改變色彩，便能得到顯著的強調效果，這時不妨從整份資料的既定主題色彩中，挑選適合的色彩。

不設定底線和斜體的文字強調手法

一旦採用斜體字，將顯得穩定感不足。

住宅取得資金　贈與稅　非課稅制度

修正點

1. 適用期限　延長
   2019年6月底截止
2. 節能住宅範圍　擴大
   「無障礙空間住宅」追加
   過去只有「高節能住宅」、「高耐震住宅」
3. 適用裝修範圍　擴大
   追加與「節能」、「無障礙空間」、「給排水管」
   相關的裝修工程
   過去只有「大規模改裝」、「耐震裝修」

底線一旦過多，
將搞不清楚重點為何。

畫上其他色彩的線條，
變得極為醒目。

住宅取得資金　贈與稅　非課稅制度

修正點

1. 適用期限　延長
   2019年6月底截止
2. 節能住宅範圍　擴大
   「無障礙空間住宅」　追加
   過去只有「高節能住宅」、「高耐震住宅」
3. 適用裝修範圍　擴大
   追加與「節能」、「無障礙空間」、「給排水管」
   相關的裝修工程
   過去只有「大規模改裝」、「耐震裝修」

就算沒有設定底線，也能透過字型、級數、色彩的區分活用來強調文字。

目的和架構

寫作

編輯

編排

表格與圖表

圖解

後續動作

3-04　數字

數字一律靠右對齊個位數

　　要讓對方秒懂資料，相當好用的工具就是數字。然而，要是搞錯用法可就糟了。本是無關乎對方讀解能力，針對任何人都能傳達相同資訊的數字，反倒無法達成使命。

　　如果資料中只有一個數字，那就沒什麼問題，不過，要是如報表之類，需要列出大量數據時，則務必對齊個位數。如果表格中的數字置中對齊，將無法比較數據的位數。有些上下排列的數據，在儲存格中的空白部分一致，看起來彷彿置中對齊一般，其實這是以手動方式輸入空白鍵，藉此讓數字對齊個位數。

　　其他會導致位數改變的元素還有小數點。例如「370」與「37.01」，當三個數字和四個數字並列時，很容易搞錯哪個數值較大。這時不妨幫「370」補上 0 至小數點後第二位，標記為「370.00」。

　　此外，針對位數較多的數據，如果每三位數標記「,」（逗號），將能避免看錯位數。有些公司組織慣於省略逗號以下的位數，以「千人」、「百萬日圓」等為單位列出數字。務必配合對方的閱讀習慣，進行資料的製作。話說回來，日常生活中，應該沒人會把「53千人」念成「五十三千人」吧？不如寫成「53,000人」或「五萬三千人」，更容易讓閱讀者秒懂。

　　此外，數據必定附有「個」、「℃」、「公尺」、「次」等測量單位。如果表格或圖表中的數據全數加註單位，將使得數字難以辨識，因此不妨把單位名稱統一寫在表格的項目欄，或是圖表的縱軸和橫軸，讓視覺效果更顯清晰。

讓數字清晰可見的強調技巧

最高稅率調整

稅階　6→8階
最高稅率　50→55%

法定繼承分類	稅率（%）	
1000萬日圓以下	10	
1000萬日圓以上，3000萬日圓以下	15	
3000萬日圓以上，5000萬日圓以下	20.0	
5000萬日圓以上，1億日圓以下	30	
1億日圓以上，2億日圓以下	40	
2億日圓以上，3億日圓以下	45.0	↑
3億日圓以上，6億日圓以下	50	
6億日圓以上	55	↑

數字和文字混雜，難以閱讀。

數據置中對齊，難以比較。

捨去小數點以下位數，
數字靠右對齊。

最高稅率調整

稅階　6→8階
最高稅率　50→55%

法定繼承分類		稅率（%）	
～	1000萬日圓	10	
1000萬日圓 ～	3000萬日圓	15	
3000萬日圓 ～	5000萬日圓	20	
5000萬日圓 ～	1億日圓	30	
1億日圓 ～	2億日圓	40	
2億日圓 ～	3億日圓	45	↑
3億日圓 ～	6億日圓	50	
6億日圓 ～		55	↑

數字對齊個位數，單位字級略小，
藉此強調數據。

改為較粗的箭頭，
避免被錯看為數字「 1 」。

目的和架構

寫作

編輯

編排

表格與圖表

圖解

後續動作

3-05　英文

不要隨意穿插英文，
原則上統一使用中文

　　明明會議記錄或報告書等直向配置資料並不常用，可是一旦換成橫向配置資料時，英文標示卻突然暴增。例如「營業額UP」，這種程度倒還能接受，不過其他如「以國內屈指可數的facilitation（簡易化）能力」、「具備competency（能力）的員工」等，別說是字義了，肯定有些閱讀者連怎麼發音都不知道吧。

　　閱讀資料的是哪些人呢？想必多半是日常生活中使用中文的人，因此不妨全文統一使用中文。**資料中的英文，或許是你平常使用的字彙，但對方未必知道字義為何。為了能確切表達內容，務必選用對方理解的字彙。反之，如果閱讀資料的人來自英語圈，就得全文統一使用英文。**

　　一旦隨意以英文撰寫，不僅無法和對方溝通，還可能發生拼錯字或誤用等問題。這樣的錯誤，極可能損害整份資料的可信度。

　　為了避免這種情況發生，不妨把英文轉換成中文。**要是有非得寫成英文的專有名詞或專業術語，只要在頭一次出現時說明定義，如此一來，便不會發生看到最後卻搞不清楚寫了些什麼的狀況。**

　　在文中穿插英文或數字時，還有字型不一致的問題，這時不妨選用與文字相同或類似的字型。

不得不使用英文時的因應對策

Assertive Communication
DESC法

Describe	客觀地描述狀況
↓	
Explain	說明自我主張
↓	
Specify	具體提案
↓	
Choose	讓對方挑選

讓對方看一些不認識的英文,極可能無法溝通。

將不常使用的英文
轉換為中文。

自我主張型的溝通方式
DESC 法

Describe	描述 客觀地描述狀況
↓	
Explain	說明 說明自我主張
↓	
Specify	提案 具體提案
↓	
Choose	挑選 讓對方挑選

附上注解,讓對方理解。

目的和架構

寫作

編輯

編排

表格與圖表

圖解

後續動作

3-06　符號①

區分活用標點符號和其他符號，藉此正確傳達文章內容

　　撰寫文章時，通常會使用標點符號和其他符號，不過要是用錯一個符號，將令人感覺文句不通順，甚至會降低整份資料的可信度。

　　最具代表性的標點符號就是句點和逗點。語句的結尾應標上句點「。」，中途斷句的部分則標上逗點「，」。原則上標示對話或意見等的引號，結尾得標句點，而夾注號中則不標句點。此外，標題和單元標題也不標句點。不過廣告標語不在此限，例如「微甜的蘇打餅乾。」便標上了句點。

　　另外頓點可用於間隔單字，不過也能使用「‧」（間隔號）。列舉相同等級的事物時，就使用頓點，例如「櫻花、向日葵、玫瑰」；至於切分英文單字時，則採用間隔號，例如「湯瑪斯‧愛迪生」。

　　想必大家都知道這些使用原則，但有時仍會誤用。打個比方來說，表現對話中的沉默時，常寫成「那個、、、」或「不是。。。」；目次中為了連結項目名和頁碼，往往用間隔號寫成「2-1　配色‧‧‧‧43」。其實這些都是錯誤用法，正確的符號一律是「…」（刪節號）。

　　其他容易用錯的符號，還有一條橫線。連結兩個單字的線條，應該使用「—」（破折號，占兩格）或「-」（連接號）。曾有一次，我看到「禪一心的形式」這句話，我還納悶：「一心是什麼意思？」結果是本該寫成「——」（破折號）的部分，被輸入為「一」（漢字的一）。在電腦畫面中，「ー」（日文長音符號）也與破折號極為相似，如果認為看起來差不多就直接採用，將會發生如上所述的誤解。

正確使用符號，就能提高資料的可信度

Before

列舉四個期間時，不該以「·」區隔。
此外，「1-3」不可跨行變成兩行。

PDCA循環　～靜岡工廠案例～

P 一計畫
　·將全年度分成4-6月·7-9月·10-12月·1-
　3月，擬訂生產計畫。

D 一實行
　·每月、每週進行生產，未出貨的產品入庫
　保存。

C - 評價
　·計算生產量與銷售量的比例。

A··· 計畫
　·各組思考力求零庫存的對策。

連結文字列時，不能混用漢字的「一」、
長音符號、減號及三個間隔號。

由於明體筆劃粗細不一，因此
一旦用錯文字或符號，將十分醒目。

After

列舉四個期間時，應使用「、」區隔。
此外，「1-3月」寫成一行。

PDCA循環　～靜岡工廠案例～

P ··· 計畫
　✓將全年度分成4-6月、7-9月、10-12月、1-3月，
　擬訂生產計畫。

D ··· 計畫
　✓每月、每週進行生產，未出貨的產品入庫保存。

C ··· 計畫
　✓計算生產量與銷售量的比例。

A ··· 計畫
　✓各組思考力求零庫存的對策。

「·」與「···」並存時，
條列式的項目符號另行挑選。

由於黑體筆劃粗細一致，
就算用錯文字或符號，也不會過於醒目。

目的和架構

寫作

編輯

編排

表格與圖表

圖解

後續動作

3-07　符號②

善用符號，便能瞬間傳達，減少字數

　　電視界的特效字幕（telop）經常使用，但一般資料卻沒有充分活用的表現手法之一就是符號。光憑一個符號，就能讓對方秒懂個中含意，因此對減少字數而言，符號可謂一大利器。而一旦字數變少，頁面也會變得清爽許多，簡直就是一舉兩得。

　　其中最具代表性的就是箭頭。所謂箭頭，並非從 Word 或 PowerPoint 功能表的〔插入〕→〔圖案〕點選〔箭頭〕進行繪製，而是指〔符號〕中的箭頭。例如增加、上升可標記為「↑」，減少、下滑則可標記為「↓」。「增加」為兩個字，「↑」只有一個字。如此一來，不僅能減少一個字，連看不懂漢字的老外或小朋友也能瞬間秒懂。

　　如果要把上下箭頭分別設定為兩色，什麼顏色比較恰當呢？日本媒體界中，屬於彩色媒體的電視和網路，通常採用的準則為「數值增加為紅色」、「數值減少為藍色」；簿記和會計業界則以紅字填寫負數金額，與媒體做法完全相反；日本經濟以日經平均指數為股價指數，而日經發表的數據一律「＋為紅色」、「–為藍色」。推測各家企業都是比照日經的做法，採用相同的標色邏輯。既然如此，金融類的資料不妨以對方看慣的顏色標記箭頭，效果將較為顯著。

　　不只是上下箭頭，如果利用橫向箭頭標示如「一年前八十公斤→六十公斤」，便能代表「後來變成如此」的意思。除此之外，「STUDIO YZ×田中YOKO」的「×」代表合作關係、「♪世界上唯一的花」的「♪」代表曲名、「NY　Z　東京」的「Z」代表衛星現場轉播、「＋美乃滋」的「＋」代表配料。字數減少，能更加直接地讓對方理解。

活用符號，讓對方秒懂個中含意

Before

2018年度　結算預估

本年度開始執行在地工廠的資材調度，由於可在
當地直接販賣，因而成功降低運送成本。
營業額對去年成長7.3%，預估金額為53億7800萬
日圓。
淨獲利較去年成長9.7%，預估金額為1億2300萬
日圓。
推測將創下有史以來最高獲利。

由於完全以文字敘述，難以理解究竟是成長，還是衰退。

After

2018年度　結算預估

在地
調度　**＋**　當地
販賣　**＝**　有史以來
最高獲利

營業額　53億7800萬日圓　↑7.3%
淨獲利　1億2300萬日圓　↑9.7%

以「＋」、「＝」連結簡短詞彙，
讓對方秒懂創下最高獲利的主因。

以上升箭頭搭配紅色，
讓對方秒懂營業額和淨獲利雙雙成長。

目的和架構

寫作

編輯

編排

表格與圖表

圖解

後續動作

3-8　換行和空白

活用微妙的空白，確實傳達意涵

　　有個經常導致誤會的狀況，就是因為單字或句子被切割而看錯，例如單字因換行而跨到下一行時。如果行尾結束於「森林開」，閱讀者應該會覺得莫名其妙吧。直到發現下一行的字首為「發」，才終於理解所寫的是「森林開發」。只要讓對方感覺納悶，就算只是短暫的瞬間，一樣會被視為「真是艱澀難懂的資料」。沒有察覺文字銜接問題的人，說不定就這樣帶著誤解繼續閱讀下去。

　　由於報紙或稿紙的每行字數固定，因此不會時而一行十一個字，時而一行十四個字，不斷地變來變去。不過，電腦製作的資料就沒有如此嚴格的限制。**文字方塊和表格的寬幅都能隨意設定，只要調整寬幅，便能以字義完整為前提進行換行。**就算不調整寬幅，也能強制換行。此外，重新設定每行字數，也能改變換行的位置。總而言之，換行時務必多費點心思，讓字義得以正確傳達。例如不可切割為「西元二○」和「○五年度」，應該是「西元」和「二○○五年度」；外文的話，則得保持單字的完整性，切勿換行。

　　此外，有些姓名或較長的成語，常常讓人不知該從何處插入間隔才符合字義，因此也很容易搞錯。例如「江波戶美惠」女士，就讓人無法判別究竟為「江波・戶美惠」女士，還是「江波戶・美惠」女士。**這時可於姓和名之間插入空白鍵如「江波戶　美惠」，如此一來就能判別無虞。要是想進一步強調姓名，甚至能在字間插入空白鍵，變成「江波戶　美惠」。**同樣的道理，「TOYOTAMAZDANISSAN」的字串含意令人無法理解，不過，一旦插入空白鍵如「TOYOTA　MAZDA　NISSAN」，就能一目瞭然當中所寫的是汽車大廠的公司名稱。

預防對方看錯的空白鍵用法

Before

區域誌大賽 2018

冠軍
　　筑後川東久留米市「悠遊久留米」
　　公關課長東海林之輔先生

亞軍
　　北區營團地下鐵粉絲俱樂部「THE EIDAN」
　　代表森末留美小姐

季軍
　　麩屋町通三條下白壁町「白壁町家」
　　總編輯長谷惠梨香小姐

漢字相連不斷，難以判別該於何處插入間隔才符合字義。

After

區域誌大賽 2018

冠軍
　　筑後川東▊久留米市▊「悠遊久留米」
　　公關課長▊東海▊林之輔先生

亞軍
　　北區▊營團地下鐵粉絲俱樂部▊「THE EIDAN」
　　代表▊森▊末留美小姐

季軍
　　麩屋町通▊三條下▊白壁町▊「白壁町家」
　　總編輯▊長谷▊惠梨香小姐

只要根據字義插入空白鍵加以間隔，
就無須擔心誤以為是東久留米市、東海林先生等。

目的和架構

寫作

編輯

編排

表格與圖表

圖解

後續動作

為資料增添亮點的
手寫字活用法

　　參加競賽或比稿等，如果渴望對方記住自己提出的資料，或是表現有別於競爭對手，這時有個私房絕招，就是在電腦製作的資料中加上手寫字，吸引對方的目光。

　　你是否認定「資料必須以電腦製作」？想當然耳，以電腦製作資料不僅工整美觀，而且修改、加工、保存都很容易，因此一向為主流做法，不過當中添加一些手寫元素也無傷大雅。

　　我個人頭一次活用手寫字，是為了協助某位挑戰 AO 入學考試（日本大學入學考試方法之一）的考生製作申請書。受家長之托，我針對簡報方面提出一些建議。這名高中生自幼學習書法，因此書法為他的特殊才藝之一。由於說明報考動機的資料以電腦打字而成，所以他的一手好字毫無展露的機會。因此，我建議他將自我介紹的重點分成三個段落，並以「音」、「書」、「家」為單元標題，然後用毛筆把代表段落內容的這三個字寫在各段開頭。在盡是電腦打字的資料中，毛筆字應該十分顯眼，結果這名考生順利上榜。

　　申請書的話，只要寫一次就行了，不過，如果是打算大量印製分發的資料，不妨掃描手寫字，存成圖檔備用。這個圖檔可如同其他照片或圖片一般，在資料中進行編排。

　　手寫字的優點，就是只要改變筆具，便能變化色彩、粗細、筆觸。以手寫字為主的資料往往效果卓越。即使內文部分以黑色原子筆撰寫，針對打算強調的文字，也能改用簽字筆，而筆劃較粗的文字，更可以換成奇異筆。此外，以條列式撰寫時，則可針對項目符號選用紅色，將能達到吸睛的效果。

　　是否寫得一手好字並不重要，因為你的手寫字是「世上唯一的字型」。

第 4 章

對設計一竅不通，也能著手

「編排」的訣竅

4-01　配色

把色彩濃縮為三色，將能打動對方

　　為了讓頁面醒目，於是用了五顏六色的資料時有所見。然而，刻意濃縮色數，才是美化資料「外觀」的最佳捷徑。一旦使用過多色彩，這些色彩將成為干擾，導致本該傳達的資訊變得無法傳達。此外，對方於閱讀內容之前，目光全被色彩吸引，不知不覺中將留下「雜亂無章」、「刺眼難受」等第一印象。

　　用於資料中的色彩，可先設定一種主題色彩，例如橘色系、綠色系等，然後再指定兩種可做為輔助，而且相容性高的色彩。換句話說，務必濃縮為三色。

　　一流企業的標準色幾乎都是單色，再多也不會超過三色。畢竟一旦超過三色，將無法讓民眾憑直覺辨識公司或店鋪。或許有人覺得只用三色，恐怕難以強調或裝飾資料，不過各位不妨瞧瞧本書，彩色部分只有紅色，其他文字部分則只有黑色，儘管如此，視覺感受依然無比繽紛，對吧？即使限用三色，其他還有底色的白色、文字的黑色，因此頁面共存在五色，而且還能調整深淺程度。只要有這些色彩，便足以用來表現資料的內容。

　　至於色彩的挑選方式，得以下列其中一項為主：①象徵資料內容的色彩（例如乳癌防治活動的粉紅色等）、②對方的標準色、③資料製作方的標準色。不過，由於交件後的資料往往被拿去黑白影印，因此影印後就消失不見的淺色系切勿採用。

　　把色彩濃縮為三色，不僅整份資料顯得十分洗鍊，還能讓對方秒懂內容。無論是資料本身，還是提出資料的你或公司，都能得到極高的評價。

濃縮色數，讓資料富有整體性

Before

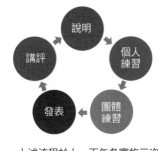

色彩一旦過多，將讓對方感覺雜亂無章，摸糊不清。

After

即使主題色彩的色數有限，也能以深淺訴求強弱之別。

目的和架構

寫作

編輯

編排

表格與圖表

圖解

後續動作

4-02　線條

只是改變線條種類和粗細，圖解就變得截然不同

　　製作資料時不可或缺的就是「線條」。雖然用途十分廣泛，但最具代表性的功能，就是在頁面中劃線分區，例如明確區隔頁首、頁尾時，便經常用到線條。其次，強調文字時，也能把線條當作底線使用。除此之外，製作連結文字和圖案的圖解說明時，線條一樣能派上用場。以PowerPoint等應用程式為例，只要點選〔插入〕→〔圖案〕→〔箭頭〕，再滑動滑鼠，便能隨心所欲地拉引直線。

　　然而有件十分可惜的事，就是大家多半只採用黑色直線。線條的種類、粗細、色彩都能任意變換。如果把實線改為虛線，便具有境界線、裁切線等意義。此外也能選用雙線或波浪線。

　　線條還能輕易變成箭頭。箭頭有開始和結束兩端，而這兩個端點，也能變換為●或◆。如果再搭配粗細和色彩的設定，將能畫出各種線條。舉例而言，由●開始，然後向上拉出又短又粗的箭頭，就變成男性符號；頂端設定為●，另外拉一條橫線，就變成女性符號。此外，要是把線條視為手足，還可以輕鬆繪製動作圖解。由於能透過初期設定，變更線條的種類、粗細、色彩等，因此只要事先設定好常用的線條，便能省去每次都得變更設定的麻煩。

　　為了畫出正確無誤、視覺清爽的線條，有個關鍵要點。由於隨心所欲拉引的線條，往往讓人覺得協調感與穩定感不足，因此直線角度務必統一採用下述三者之一：①水平方向、②垂直方向、③四十五度斜角方向。如此一來，便能畫出感覺整齊劃一的線條。

光憑線條的用法，讓版面配置晉升專業水準

Before

單身男女擇偶條件

有工作

有穩定的工作

男性 ←→ 女性

能分擔家事

家事高手

願意幫忙帶小孩

不會限制干涉自己

結婚動向綜合研究所
2013年度調查結果

線條的長度、方向不一，
令人感覺資訊混亂。

After

善用線條的種類、粗細、色彩，
使線條宛如符號一般。

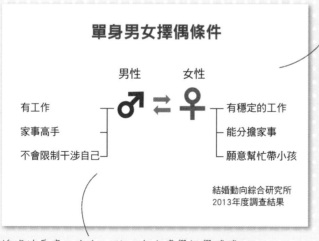

單身男女擇偶條件

男性　　女性

有工作

有穩定的工作

家事高手

能分擔家事

不會限制干涉自己

願意幫忙帶小孩

結婚動向綜合研究所
2013年度調查結果

線條的長度、方向一致，令人感覺視覺清爽。

目的和架構

寫作

編輯

編排

表格與圖表

圖解

後續動作

4-03 頁面背景

彩色背景阻礙資訊傳達

　　你做的資料採用什麼底色？適用的底色往往隨資料的運用方式而異，而運用方式可分為下列三種：①投射於屏幕上的投影片檔案、②分發用的書面資料、③投影片檔案和書面資料兼用。

　　首先說明用來做投影片之時。如果是投影片，無論使用哪個顏色，色彩面積占比為何，碳粉都不會減少。因此，不妨以企業標準色或專案主題色彩為背景色強打品牌性。然而，並不建議黑色，因為應該清晰可見的文字和視覺圖像，都會變得極不顯著。

　　其次，如果用途為書面資料，一般商場所用的底色，以「白色」為基本。為了讓資訊醒目，對比色（contrast）的效果堪稱一流，其中又以白底黑字的效果最好。如果有整本底色為黃色或藍色的書籍，肯定相當難以閱讀。

　　底色採用白色還有其他原因，那就是如果把頁面填滿背景色的資料加以列印，將發生一堆問題，例如：①為了讓碳粉布滿頁面，列印起來相當費時、②耗費碳粉，增加成本、③就算投影片為全面填滿底色，列印的結果必定四周留白、④將資料拿去黑白影印，有時會看不清楚當中的文字。

　　最後說明運用方式為投影片和分發用資料兼用之時。或許大部分的讀者都採用這種方式。如果沒有時間分別準備這兩種資料，只能從辨識度、清晰度、成本、外觀等各個層面考量評估，而最後的結論將是投影片也好，分發用資料也好，全都以採用白紙製作的成效最佳。

無論是投影片還是分發用資料，頁面背景均以白色為首選

Before

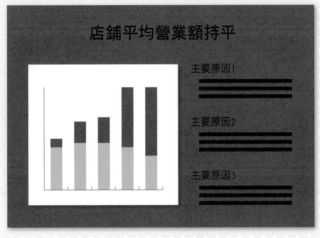

受背景色干擾，看不清楚文字。
如果拿去黑白影印，頁面將變成黑壓壓的一片。

After

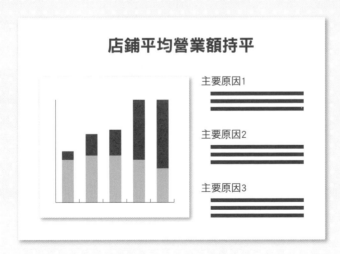

如果背景色為白色，將能清楚辨識文字和圖表。

目的和架構

寫作

編輯

編排

表格與圖表

圖解

後續動作

4-04　留白

活用留白，突顯資訊

資料中的文字和圖案等資訊，必須讓對方確實閱讀，理解個中思維，才真正有意義。所謂讓人不想過目的資訊，就是密密麻麻塞滿整張紙的資訊。製作資料並非把紙張填滿就好，務必保留一些空白。正因為存在空白，黑色文字才得以突顯。

以本書為例，各頁的上下左右都保有留白部分，當中絕不印刷任何文字。資訊占有面積對整體面積的比例稱為版面率，就書籍而言，理想的版面率為六成左右。

留白有數種方法，最主要的就是於頁面上下左右設定邊界，以確保版面率符合一定的基準。如果裝訂位置在左，左側的邊界就得多留一些。

除了設定邊界，資料製作者還得刻意於頁面中留白，否則會給閱讀者帶來壓迫感。基於此故，務必運用幾種方法為資料留白。首先可在頁面預留不配置文章或視覺圖像的區塊，如此一來，便能確保相當的面積。其次，只要於文章段落之間插入空白，不僅能確保留白，段落的區隔也能一目瞭然，加快對方理解的速度。有時在一段文章之前，會附加簡短的單元標題，這樣不僅能傳達文章的概要，還能藉此於單元標題之後留白。

至於更高明的手法，例如層次不同的條列式寫法，可活用縮排功能空出一個字元；即使屬於同一句，仍可於單字之間插入空白等，藉此增加頁面的留白。這些留白將能加快閱讀和理解的速度。

保留空白，變成對方願意過目的資料

餐廳　改裝優點

改裝後示意圖

現狀

頁面塞滿資訊，給閱讀者帶來壓迫感。

餐廳　改裝優點

現狀

改裝後示意圖

只要頁面保有留白，對方將能秒懂內容。

目的和架構

寫作

編輯

編排

表格與圖表

圖解

後續動作

4-05　外框線

只是取消外框線，
資料的「外觀」立即改變

　　電腦製作的資料，包含文字、數字、表格、圖表等種種元件。而製作的過程中，一般會為這些元件加上黑色的外框線。畢竟要是外框線和填入色彩雙雙透明，文字方塊或圖案究竟畫在哪裡，形狀如何，將一概無法辨識。

　　然而，這種黑框線十分狡詐，往往變成雜訊，干擾本該傳達的資訊。打個比方來說，原本打算傳遞的訊息為「A就是B」，這時要是為這則訊息加上外框線，將立即產生「強調」和「異於周遭區塊」等意涵。除此之外，黑線還會汙損白紙，隨著置入元件的增加，頁面將漸漸變成黑壓壓一片。就這個論點來觀察廣告和雜誌等頁面，應該不難發現無論是方形或圓形，任何圖案都沒有加上外框線。

　　因次，為了讓預定傳達的資訊更加醒目，不妨取消黑色外框線。PowerPoint和Word針對文字方塊的預設狀態，應該是外框線為黑色，填入色彩為白色，不過可以重新設定為「無外框」和「無填滿色彩」。反之，也能設定其他色彩，做為強調之用。另外還能以企業標準色為基準，預先指定色彩和框線粗細，例如：「繪製圖案時的外框線為橘色，填入色彩為黃綠色，粗細為一點」。統一採用以上設定的企業實際存在。

　　除此之外，**也能如右頁After的「注意」部分一般，取消文字方塊的外框線，同時將填入色彩指定為同於頁面背景的顏色，如此一來，便能融入頁面背景之中。**如果想呈現這樣的視覺效果，大家不妨試試這種「取消外框線」的減除技巧。

　　並不是說外框線絕不能使用。一旦決定使用，務必講求視覺上的清爽與質感，策略性地加以運用。

取消外框，讓預定傳達的資訊更加醒目

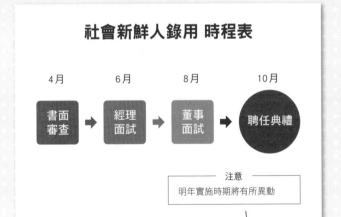

社會新鮮人錄用 時程表

| 4月 | 6月 | 8月 | 10月 |

書面審查 → 經理面試 → 董事面試 → 聘任典禮

注意
明年實施時期將有所異動

黑色外框線變成頁面的干擾因素。

社會新鮮人錄用 時程表

| 4月 | 6月 | 8月 | 10月 |

書面審查 → 經理面試 → 董事面試 → 聘任典禮

注意
明年實施時期將有所異動

只要取消黑色外框線，
頁面將變得十分清爽。

外框線有無的
方形組合。

目的和架構　寫作　編輯　編排　表格與圖表　圖解　後續動作

4-06 陰影和漸層

在平面資料中，展現高雅的立體感

　　無論是投影片還是紙本，我們所做的資料皆止於平面的表現。然而，只要善用視線的錯覺，將能塑造立體般的視覺效果。

　　其中之一就是「陰影」。利用光照成影產生的錯覺，可讓物體呈現立體感。Word 和 PowerPoint 皆具備為文字或圖案附加陰影的功能，可設定於上下、左右、斜面等任何方向。不過，原則上必須同於人類與生俱來的自然視線動作，由左上往右下編排資料。換句話說，光線來自左上方，陰影出現右下方，這樣才叫自然。雖然文字也能設定陰影效果，但有時色彩及陰影厚度會讓文字顯得模糊不清，因此，希望對方能清楚瀏覽的文字，還是別附加陰影為妙。

　　另一個建議大家活用的裝飾手法，就是「漸層」。這是讓圖案的填入色彩朝某個方向，「由深至淺」地漸漸改變深淺程度的視覺效果。無論是方形還是圓形，都能透過漸層效果的設定，讓圖案給人的印象，從原本單調如色紙一般，變成質感一流。想要填入色彩，又不希望讓人印象過於強烈，這時除了選用較淡的色彩外，不妨也試試漸層設定。

　　有關上述兩種效果的運用，如果為圓形附加斜向漸層，看起來就像球體一般；此外，要是為橢圓形設定漸層效果，圖案輪廓將趨於模糊，可拿來當作物體下方的陰影使用。

　　雖然 Word 和 PowerPoint 最多能設定五色，做出猶如彩虹般的色彩效果，但如此一來將導致質感盡失。其實除了基本色之外，再搭配一種顏色就好，而且不妨挑選白色，將能畫出對視覺零負擔的圖案。

讓圖案立體化，展現質感

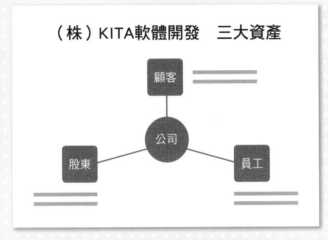

（株）KITA軟體開發　三大資產

圖案填滿色彩，感覺既單調，又充滿壓迫感。

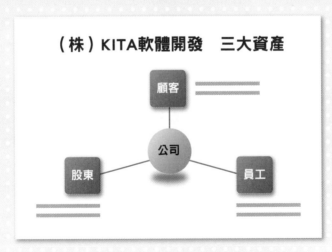

（株）KITA軟體開發　三大資產

透過漸層和陰影設定，讓頁面呈現高雅的層次感。

目的和架構

寫作

編輯

編排

表格與圖表

圖解

後續動作

4-07　視線走向

橫書資料以「Z型」配置為鐵則

　　為了讓對方快速理解資料的內容，掌控閱讀者的視線極為重要。換句話說，務必讓閱讀者於瀏覽資料時保持固定的視線走向，絕不能搞不清楚「接下來該看哪裡？」

　　單張資料中，如果橫書文章與直書文章並存，視線走向將縱橫交錯，無法維持一致。報紙的內文統一採用直書，網路文章則統一採用橫書，正因為如此，我們才能順暢無阻地持續閱讀下去。同樣的道理，資料的製作，也要讓閱讀者的視線走向維持一致。

　　針對橫書文章，身為現代人的我們被教育成由左至右、由上至下閱讀。**一旦組合這樣的鐵則，最適切的編排方式，應該是始於左上，一路下行後結束於右下的「Z型」配置。**大家不妨回想一下，通知函或邀請函等，往往將收件人（對方的姓名）寫於左上方，聯絡方式（自己的姓名）則寫於右下方吧。基於此故，針對投影片或提案書等，摘要該頁資訊的一行字，換句話說就是頁面標題，應該編排於屬於資料開頭的左上方較為妥當。

　　如果資料不只一頁，確保各頁視線走向的一致性極為重要。要是頁數為五頁的資料中，只有一頁為Z型，其他頁面皆採用其他編排方式，那麼閱讀者每翻開一頁，便會頭昏腦脹一次。只要讓頁面標題固定出現於各頁的左上角，閱讀者將會不自覺地先看這個部分。

　　以投影片進行簡報時，也要從左上方開始，依重要性由高至低排列，循序說明。接下來，只要讓自己漸漸向右側移動，投射於螢幕上的文章或圖解，便不會被自己的身體遮擋。如此一來，資料的版面配置和簡報者的動作將能相互呼應。

加班時數偏低部門的特色

團隊合作體制

（1）午休後確認作業進度
（2）主動關切，支援團隊成員
（3）提前作業，保留餘力

〈加班時數偏低部門前3名〉
總務部、營業企劃部、分店總管理部

頁面標題始於右上方，內文置中。
由於違反自然的視線走向，因此總覺得哪裡不對勁。

加班時數偏低部門的特色

團隊合作體制

（1）午休後確認作業進度
（2）主動關切，支援團隊成員
（3）提前作業，保留餘力

〈加班時數偏低部門3名〉
總務部
營業企劃部
分店總管理部

頁面標題列於左上方，同時採用「乙型」配置，
因此能以自然的視線走向進行閱讀。

目的和架構

寫作

編輯

編排

表格與圖表

圖解

後續動作

4-08 版面配置

左為過去，右為未來，
光憑版面配置就能讓對方秒懂

　　資料的版面配置除了基本的「Z型」，其他各種構成元件也有固定的位置安排。由於存在這種多數人慣用的不成文規定，因此凡是違反規定的版面配置，有時會導致閱讀者弄錯時序或位置關係。

　　針對時序和順位，我們認定的排列方式為「左→右」、「上→下」。展示使用前後的照片時，如果不是左為使用前，右為使用後，極可能造成誤解。雖然倒置成「事後←事前」的圖解時有所見，不過，就算運用箭頭加以標示，也無法改變人的直覺，如此一來，將有誤解為「事後變成事前」的風險。

　　上下方向也是同樣的道理，如果將排行榜由上往下依序寫出「第三名　紅色」、「第二名　黃色」、「第一名　藍色」，極可能被誤解為由上而下的順位為第一名、第二名、第三名吧。

　　大家十分熟悉的氣象報告，通常是結合時序和地區，讓大家各依所需確認天氣概況。以一週天氣預報為例，橫軸由左依序列出週一、週二、週三等，縱軸則由上依序列出札幌、仙台、福島、東京、沖繩等從北到南的都市名。就算沒有標示箭頭，你也能依照這樣的順序，針對自己想知道的日期、都市，得知天氣預報。要是根據日文五十音或由南至北依序列出都市名，恐怕會讓人看得頭昏眼花。

　　數值遞增稱為升序排列，反之則稱為降序排列，針對需要排序的數據，應該採用升序、降序，還是其他準則？大家不妨先思考一下數據的關聯性和順序，再決定版面配置的方式。

時序顛倒將令人誤解

Before

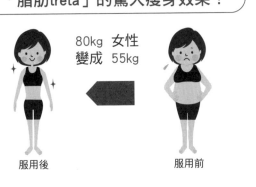

「脂肪treta」的驚人瘦身效果！

80kg 女性
變成 55kg

服用後　　　　　　服用前

即使運用箭頭，由右至左地強行引導視線，
閱讀者的慣用視線走向依然有所不同。

After

「脂肪treta」的驚人瘦身效果！

80kg 女性
變成 55kg

服用前　　　　　　服用後

如果讓服用前於左，服用後在右，閱讀者自然能理解內容。

4-O9　整齊排列

只要對齊排列，
就能讓對方感覺穩定放心

　　有些資料明明資訊完全正確，各個視覺圖像也相當美觀，然而卻像出自菜鳥之手，顯得雜亂無章。究其原因，可能是「沒有對齊排列」。閱讀者唯有認同資料「依循邏輯」、「歸納彙整」、「對齊排列」時，才能真正理解當中的內容。為了讓資料看起來視覺清爽，無論是文字或圖像，都應符合這個準則對齊排列。

　　首先決定一條基準線吧。文字方向採用橫書的話，必須決定靠左、置中或靠右對齊；直書的話，則得決定靠上、置中或靠下對齊。不過，條列式寫法通常以靠左對齊為基本。此外，照片或圖片等視覺圖像，也要對齊同一線條進行編排，而且當排列的圖像超過三個時，彼此的間距更是重要。

　　光是把視覺圖像排列整齊，資料給人的印象就會截然不同。不過，要是原本的形狀或大小並不一致，整份資料往往顯得雜亂無章。雖然圖案或圖片能放大・縮小，但有時將導致長寬比例改變。如果是照片的話，可運用裁剪功能隱藏不想讓人看到的部分，調整圖片的格式。換句話說，就是比照基準圖形，將圖片裁剪成符合基準的形狀・大小。

　　Word中有格線功能，PowerPoint中有輔助線功能，兩種線條皆可設定顯示，做為對齊排列時的基準線。然而，一旦放大畫面加以確認，有時將發現未必真正對齊。如果希望能精準對齊某處或是等距排列，可先全選所有視覺圖像，然後從〔版面配置〕功能中，點選「○○對齊」，如此將能對齊基準線，接著再設定「水平均分」或「垂直均分」，各個視覺圖像便能等距排列。

統一照片的形狀、大小並對齊排列

咖哩麵 行銷計畫　　　　　　　　　　　　大學 學生餐廳

流行的要素並非「咖哩●●」，
而是「咖哩配料」

大學和企業共同企劃

大學和企業共同企劃

媒體 員工餐廳

照片的形狀、大小、編排位置雜亂無章，
搞不清楚究竟訴求為何。

咖哩麵 行銷計畫

流行的要素並非「咖哩●●」，
而是「咖哩配料」

媒體 員工餐廳　　　大學 學生餐廳　　　大學和企業共同企劃

照片的形狀、大小一致，
而且版面配置採用靠上對齊、等距排列。

說明文字的位置
也固定一致，
變得更加容易閱讀。

右側直排文字：
目的和架構　寫作　編輯　**編排**　表格與圖表　圖解　後續動作

費心構思說明文字，
讓視覺圖像深植人心

　　於報章雜誌刊登照片或圖表時，旁邊必定附有說明文字，例如「二月十五日晚上七點　遊行隊伍集結的國會議事堂前」、「攝影部　鈴木潤一拍攝」等簡短的說明。其實根據這類說明的有無，資訊的傳達方式和記憶都將隨之改變。

　　美國心理學家倫納德‧卡麥可（Leonard Carmichae）曾進行過一個實驗。他將參與實驗的對象分成兩組，讓他們看一模一樣的圖片。請各位試想一下日本最具代表性的簡易文字繪「へのへのもへじ」（Henohenomoheji）。其中一組的附註說明為「臉」，另一組則為「平假名」。過了一段時間後，讓兩組畫出這個文字繪。結果，前者畫出近似人臉的圖案，後者則畫出近似文字的圖案。就算另外以各式各樣的圖片進行實驗，得到的結果依然相同。

　　換句話說，看圖進行理解‧記憶時，說明文字的輔助也是重要的一環。即使乍看不甚理解的內容，只要搭配說明文字，便能記憶鮮明。資料中的照片，應該不是隨便置入的吧？既然與預訂傳達的訊息有關，不妨養成習慣，寫出能有效連結相關訊息與照片的說明文字。

　　根據照片原本的編排位置，說明文字可配置於上下左右的任何一處，但長度以兩行為限，大約二十到三十字。此外，切勿超過照片的寬度。並非親自拍攝的租用照片等，還得註明出處。

第 5 章

強化數字訴求力的
「表格與圖表」
製作方法

5-01　表格①

活用表格，整理各類資訊

　　冗長的文章難以閱讀，因此有時會改為條列式寫法如下：

‧和歌山分店營業額三千兩百萬日圓

‧鳥取分店營業額一千七百萬日圓

‧福井分店營業額九百八十五萬日圓

　　不過，仔細想想，上述資訊應該能整理得更簡潔一些吧？如果加以表格化，縱軸為分店名，橫軸為營業額等項目，如此一來，不僅「分店」、「營業額」等字眼和「萬日圓」等單位只會出現一次，數字的比較也變得容易許多。

　　三千兩百萬日圓、一千七百萬日圓等「數據」，除非加工處理，否則無法成為「資訊」。凡是資訊，唯有經過歸納或依照邏輯整理，我們才會自認「明白了」。換句話說即為「資訊的組織化」。而整理資訊的有效方法之一，就是表格。

　　以表格整理資訊時，有下列幾種歸類方式：①類別、②時間、③順位。①類別歸類的例子之一，比如把超市商品區分為「蔬果」、「鮮魚」、「肉品」；②時間歸類以學校的課程表最具代表性，縱軸各列由上至下為第一堂到第六堂課，橫軸各欄則是由左至右依序列出週一到週六；至於③順位歸類，則是指依照日文五十音、出席序號、價格由高至低、卡路里由低至高等排序進行整理。

　　繪製表格時，必須把數據一一填入橫直框線圍起的儲存格中，這時有個基本原則希望大家務必遵守，那就是數值一律靠右對齊，文字一律靠左對齊。另外，欄列標題多半設定為置中對齊，以求醒目，尤其是欄位標題。

列舉項目時，表格十分好用

Before

「營業指導員」派駐分店營業額

- 和歌山分店營業額3200萬日圓

- 鳥取分店營業額1700萬日圓

- 福井分店營業額985萬日圓

- 佐賀分店營業額1150萬日圓

- 山口分店營業額623萬日圓

條列式寫法乍看似乎一目瞭然，不過卻有不少用字重複出現。

After

以表格彙整分店名
和營業額。

「營業指導員」派駐分店營業額

地區	分店名	營業額（萬日圓）
北陸	福井分店	985
近畿	和歌山分店	3,200
中國	鳥取分店	1,700
	山口分店	623
九州	佐賀分店	1,150
	小計	7,658

（萬日圓）
統一標記於
項目欄中。

由北至南依序排列地區和分店名。

目的和架構

寫作

編輯

編排

表格與圖表

圖解

後續動作

5-O2　表格②

活用框線・儲存格，
讓表格充滿層次感

　　方格紙和自製表格有種種不同之處。有別於方格紙，自製表格當中必定存在希望對方注視的部分或打算傳遞的訊息。為了把對方的視線引導至此，必須設法讓表格顯得強弱有別。

　　手法之一就是強調文字。只要運用醒目的字型、較大的字級、吸睛的色彩等來裝飾文字，都能達到局部強調的效果。一般而言，這類手法常用於強調項目標題或欄位標題的文字。

　　其次為儲存格的大小。一旦局部放大字級，將讓儲存格顯得擁擠。只要調整儲存格的高度和寬度，就算當中的字型不變，四周也能確保留白，讓文字內容清晰醒目。由於儲存格中的文字位置可以調整，因此如果垂直方向選擇「上下對齊」，水平方向選擇「置中對齊」，便能把文字配置於儲存格的正中央。如此一來，文字的上下左右將稍有留白，閱讀起來應該輕鬆不少。

　　儲存格內還能填入色彩。打個比方來說，先將表格頂端的標題列設定為深色系，然後逐列穿插以深色和淺色（或白色），如此一來，易讀程度將大幅提升。此外，區分各儲存格的框線，也能變換粗細、色彩、種類。如果得以設定的變化如此之多，肯定能繪製出視覺效果豐富的表格。

　　Excel 中備有各種色系的表格樣式，因此不妨先從中挑選試用。接下來只要以此為參考，進一步挑戰自創表格，製表功力肯定與日俱增。

　　如果欄位過多，也能欄列對調。不過，原則上橫向排列屬於並列關係，直向排列則有順位關係，因此務必小心處理，以避免顛倒個中含意。

取消框線，易讀程度將大幅提升！

富山巨蛋公演 商品銷售實績

貨號	商品		顏色	單價	數量	金額（日圓）
TS101	T恤	短袖	黑	2,500	123	307,500
TS102	T恤	長袖	紅	3,000	156	468,000
TB201	托特包		白	1,200	78	93,600
TB202	托特包		綠	1,200	92	110,400
B001	頭巾		橘	1,000	35	35,000
B002	頭巾		紅	1,000	12	12,000
MC001	馬克杯		-	800	61	48,800
KH001	鑰匙圈		-	500	100	50,000
						1,125,300

☞ 長袖T恤單價較高，而且是人氣冠軍商品

受框線干擾，搞不大清楚該注意哪個數據。

希望對方注意的部分，可改變
文字色彩等，同時加上外框。

富山巨蛋公演 商品銷售實績

長袖T恤單價較高，
而且是人氣冠軍商品

貨號	商品		顏色	單價	數量	金額（日圓）
TS101	T恤	短袖	黑	2,500	123	307,500
TS102	**T恤**	**長袖**	**紅**	**3,000**	**156**	**468,000**
TB201	托特包		白	1,200	78	93,600
TB202	托特包		綠	1,200	92	110,400
B001	頭巾		橘	1,000	35	35,000
B002	頭巾		紅	1,000	12	12,000
MC001	馬克杯		-	800	61	48,800
KH001	鑰匙圈		-	500	100	50,000
						1,125,300

只要穿插變換各列色彩，就算沒有框線，當中的數據也能清楚辨識。

目的和架構

寫作

編輯

編排

表格與圖表

圖解

後續動作

5-03　表格③

善用「隱形線」，
提升表格的視覺效果

　　製作容易閱覽的表格，關鍵重點就是框線的運用方式。要是填有數據的儲存格一律同色，框線的粗細也相同，整體看起來將如網狀一般，彷彿讓對方隔著網子觀看文字或數據。如此一來，框線將成為干擾，導致辨識性變差。

　　基於此故，表格的框線必須保有適當的間距。**方法有三：①只畫橫線、②只畫直線、③無框線。製表就得把數據填入儲存格中，不過閱讀者總是不禁忽略儲存格上下左右的框線。**

　　將表格插入資料當中，有時會放大・縮小，有時則會當作圖片貼上。將圖片置入 Excel 時，四周附有淺灰色的基準線，因此一旦將表格變成圖片，這種線條將殘留其中，請務必留意。

　　此外，各位不妨牢記除了數據報表之外，整理資訊時，也能充分活用表格。打個比方來說，年表的內容包括年度月份和備註說明，如果只採用文字製作年表，有時會因為年度月份和備註說明之間的空白或換行，讓版面格式亂成一團。**這時便能運用表格，將年度月份和備註說明分成兩欄（各自輸入不同的儲存格中），然後讓各欄文字整齊劃一地靠左・置中・靠右對齊。**

　　只要把這個表格貼在 Word 或 PowerPoint 等資料中，明明沒有本該存在表格中的線條，文字的排列卻十分整齊，資訊顯得分外清晰。相較於縮排設定或手動輸入空白，其實活用表格反而更加輕鬆準確。

只要善用表格，也能做出整齊美觀的年表

Pasa集團　沿革

2001年　鬆餅專賣店於葉山町開幕
（「Pasa」）
04年　2號店於橫濱・馬車道開幕「Pasa」
2號店
07年　設立株式會社Pasa食品服務
10年　和食餐廳於銀座開幕　（「和井戶」
1號店）
12年　突破30間分店　（「Pasa」16號店）
15年　台灣1號店開幕　（「Pasa鬆
餅」）
16年　突破50間分店　（「Pasa甜點」
2號店）

因換行之故，年數和內容難以分辨，不易閱讀。

製表時雖然將內容填入儲存
格中，但卻設定為無框線。

Pasa集團　沿革

年份	事件	店鋪名
2001	鬆餅專賣店於葉山町開幕	「Pasa」
2004	2號店於橫濱・馬車道開幕	「Pasa」2號店
2007	設立株式會社Pasa食品服務	
2010	和食餐廳於銀座開幕	「和井戶」1號店
2012	突破30間分店	「Pasa」16號店
2015	台灣1號店開幕	「Pasa鬆餅」
2016	突破50間分店	「Pasa甜點」2號店

善用表格，各列字首都能對齊，
儲存格中的欄位標題則設定置中對齊。

目的和架構

寫作

編輯

編排

表格與圖表

圖解

後續動作

5-04 圖表的選用方式

圓餅圖、長條圖、折線圖……
圖表可以這樣區分活用

　　不僅製作輕鬆，而且能讓對方秒懂資訊內容的就是「圖表」。所謂圖表，就是把數量和數值的變化或比例加以視覺化的圖形，最具代表性的包括圓餅圖、直條圖、橫條圖、折線圖、雷達圖等。雖然只要有原始數值，就能變換任何圖表，不過根據目的及打算傳遞的訊息區分活用，為十分重要的事。一旦選用錯誤，將有礙閱讀者的理解，或是引發誤解，結果適得其反。

　　首先，所謂圓餅圖，就是依照各個項目對整體的占比，從圓心將圓形切割成大小不同的面積。正因為十分簡單，以至於容易誤用，因此有幾個既定的使用原則務必參考（請參照5-05）。

　　其次，如果要依時序呈現數量的推移，不妨選用直條圖或折線圖。例如細分至十項以上的股價或氣溫變化等，便很適合採用折線圖。此外，長條向右延伸的橫條圖，並非單純把直條圖改為橫式而已。例如介紹排行榜時，通常是由數值較大的項目向下排列說明，與時序完全無關。

　　長條圖當中，有種可同時呈現個中要素比例的堆疊直條圖。由於項目中的詳細情況一目瞭然，因此資訊得以瞬間傳達。此外，如果只要比較複數項目的占比，則可採用帶狀圖。由於這類圖表與數值大小無關，而是針對複數要素比較占比狀況，因此各要素的項目數必須一致才能相互比較。

　　最後，如果要審視複數項目的分配比例狀況，則以雷達圖較為適切。這類圖表以正多角形的中心為起點，愈向外延伸代表數值愈大，舉凡運動能力、營養價值、個性等的分布狀況或均衡性，都能透過視覺效果確切掌握。

一旦錯用圖表，對方將難以理解

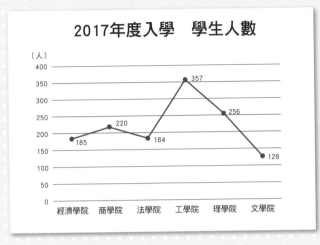

由於學院名不屬於連續數據，因此折線圖並不適用。

如果要比較各項數值，
以直條圖較適切。

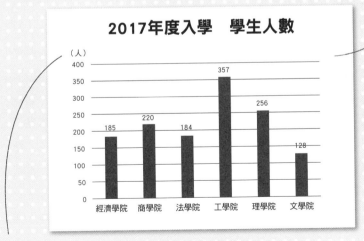

（人）等單位可配置於頂端，或是前兩個刻度之間。

目的和架構

寫作

編輯

編排

表格與圖表

圖解

後續動作

5-O5　圓餅圖①

以圓餅圖說明整體中的各項占比

　　說明整體中的各項占比時，一般多採用圓餅圖。換句話說，就是把圓形切割成大小扇狀，以面積顯示占比。圓形本來就屬於直覺性的視覺圖像，因此十分容易引人注目。應用範圍包括商品架構、業界內占有率比較、問卷調查結果等。不過，為了讓圓餅圖的效果顯著，使用時有幾個既定的原則。

　　頭一個原則，就是必須依照占比，從整點位置由大至小地順時鐘排列。如果原始數據的排序方式為依循日文五十音或英文字母，則得先用數值（大→小的降序）重新排序，然後再做成圖表。

　　不過如此一來，D公司、B公司、A公司等英文字母的排序將亂成一團。此時不妨選用堆疊直條圖，而非圓餅圖。**並不是所有需要說明占比‧內容的數據，一律採用圓餅圖，唯有就算依照數值大小排列也毫無問題的數據，才適用圓餅圖。**

　　然而也有例外的狀況。比如問卷調查結果，通常以「贊成」、「略為贊成」、「沒意見」、「略為反對」、「反對」等「強～弱」的順序呈現；排列年齡層時，必須依照「十～十九歲」、「二十～二十九歲」、「三十～三十九歲」等「小→大」的順序編排，否則閱讀者將看得頭昏腦脹。這時，只要把並非反對的「贊成」、「略為贊成」、「沒意見」設定為同色，「略為反對」、「反對」設定為他色，共計分成兩色，便能明確展現〇和×的比例。以數值重新排序的數據，並不適用上述狀況。簡報方必須根據分析意圖備妥原始數據，否則無法完成這類圖表。

　　此外，列舉項目以五項前後為佳。萬一超過五項，不妨整合為「其他」。

引人注目的圓餅圖製作訣竅

Before

數值偏低的國家占比顯示為0%。

任意排序，雜亂無章。

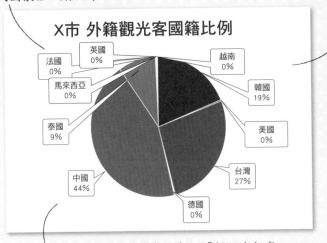

圖說文字指引線雜亂，難以讀解個中內容。

After

數值偏低的國家整合為「其他」。

根據占比由大至小重新排列。

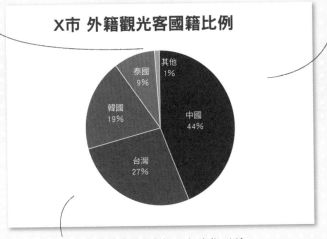

說明文字置入圓餅圖中，去除指引線。

5-06　圓餅圖②

想要強調的項目，以蛋糕切塊標示

　　圓餅圖擁有其他圖表欠缺的強調效果，就是針對想要強調的項目，畫成猶如被單獨切出一塊的蛋糕一般。如果是以 Excel 製圖，只要點擊圓餅圖，便會顯示各個切塊的控點，然後再選擇目標項目向外拖放，這個項目便會被獨立切割出來。如此一來，等同告知對方「希望大家聚焦於此」。此外，要是選用立體圖形來製圖，恐怕會產生錯覺，導致誤解，不過構成要素單純的圓餅圖，效果應該不錯。

　　為了讓各個項目清晰醒目，有時會填入色彩，然而，要是用了紅、黃、粉紅等過多色彩，對方將搞不清楚該看哪個部分，只覺得混雜不堪。用色務必配合整份資料的主題色彩。一旦替資料設定「色彩」，所做的圖表只會顯現色調和諧的組合。此外，項目的外框線也能指定色彩．粗細。為了避免成為干擾，線條最好選用無色或灰色，就不會顯得礙事。

　　其次說明「四十二人」、「百分之八」等項目的資料標籤（數值），百分比的總計必須為百分之百。如果是自動產生的圖表就毫無問題，要是自行繪製，完成時務必驗算所有資料標籤的合計，是否為百分之百無誤。

　　除此之外，單一頁面中並列數個圓餅圖的資料時有所見。例如比較A校、B校、C校過去五年的數值時，列出一三年、一四年……共五個圓餅圖的資料。其實圓餅圖並不適合橫向或縱向並列比較。這時不妨整理成三支長條的長條圖，如此一來將能綜觀整體，表達效果絕佳。

以圓餅圖突顯特定項目

Before

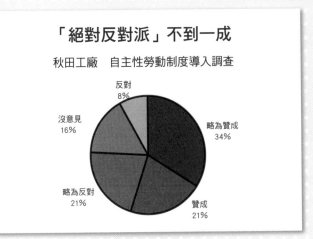

「絕對反對派」不到一成

秋田工廠　自主性勞動制度導入調查

反對
8%

沒意見
16%

略為贊成
34%

略為反對
21%

贊成
21%

要是把問卷調查的結果依照數值多寡排序，
對方將無法理解製圖者的原意。

After

針對想要強調的項目，
如蛋糕切塊般地切割出來。

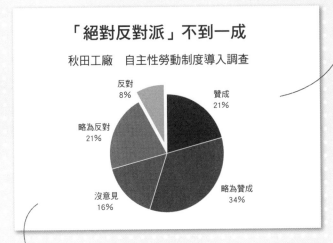

「絕對反對派」不到一成

秋田工廠　自主性勞動制度導入調查

反對
8%

贊成
21%

略為反對
21%

略為贊成
34%

沒意見
16%

問卷調查結果應該依照強～弱的順序，重新排列原始數據。

目的和架構

寫作

編輯

編排

表格與圖表

圖解

後續動作

5-07　直條圖

以直條圖顯示數值、數量大小

　　直條圖是以長條的高度，顯示連續要素數值・數量的圖表。繪製圖表時，通常縱軸為數量等數據，橫軸則為各個項目或時間軸。一眼就能看懂大小或增減，正是直條圖的特色所在。雖然以電腦繪製圖表已變成理所當然之事，不過，如果要徒手在紙上繪圖，直條圖是最容易繪製的圖表。舉凡歷年營業額、人口推移、國家或地方自治區別的生產量與消費量比較等，都能採用直條圖。

　　根據刻度設定的方式，有時數據的差異十分顯著，有時則不然。首先，X軸（橫軸）和Y軸（縱軸）的交叉點數值為「零」。縱軸上大於零的刻度，大約五個就綽綽有餘了。光這五條格線，便足以構成視覺的干擾。電視或網路等大眾媒體用於解說的圖表，並未顯示格線。就算沒有可供參考的線條，也能讓人秒懂，因此省略格線也是妙招之一。

　　直接把 Excel 自動產生的圖表拿來使用的資料時有所見，不過還是根據想要傳達的訊息加工製作吧。直條的外框線和填入色彩可任意變換。打個比方來說，如果選用紅色系，便可針對想要強調的直條，設定更深的紅色、把外框線加粗、將外框線的色彩由黑變紅等，鎖定目標予以突顯。

　　有時還會看到座標軸標籤的項目名橫倒的圖表，由於不易讀取，缺乏為閱讀者設想之心。這時只要點選座標軸格式〔對齊〕中的〔垂直對齊〕，便能改為直向標示。此外，附註於直條一旁的數量等實際數值，稱為資料標籤，當中的數字也能藉由改變大小、字型、色彩，達到鎖定強調的效果。如果再用外框線或圓形等圖案圍繞打算強調的直條，閱讀者的視線勢必聚焦於此。

以直條圖突顯特定項目

搞不清楚想要傳達的
訊息為哪個部分。

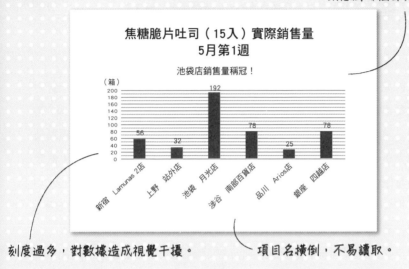

焦糖脆片吐司（15入）實際銷售量
5月第1週

池袋店銷售量稱冠！

刻度過多，對數據造成視覺干擾。

項目名橫倒，不易讀取。

希望吸引對方注意的部分加上
外框線，同時在一旁附註說明。

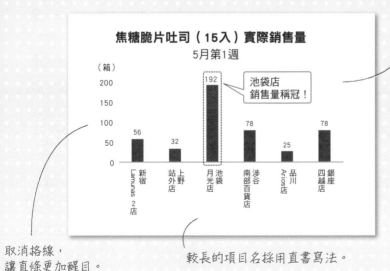

焦糖脆片吐司（15入）實際銷售量
5月第1週

池袋店
銷售量稱冠！

取消格線，
讓直條更加醒目。

較長的項目名採用直書寫法。

目
的
和
架
構

寫
作

編
輯

編
排

表
格
與
圖
表

圖
解

後
續
動
作

5-08　堆疊直條圖和帶狀圖

以兩種圖表比較複數構成占比

如果要說明整體中的各項占比，圓餅圖可謂不二之選，不過，針對複數要素的比較，圓餅圖則不大適用。這時可採用「堆疊直條圖」或「帶狀圖」。兩者的差異，不只是縱向與橫向之別。堆疊直條圖的各項數值即使大小不一也無所謂，然而，帶狀圖的各項數值要是有所差異，既定原則為橫向總計必須維持百分之百。

換句話說，當項目的總量也具有重要意義，就能使用堆疊直條圖，例如打算說明營業額或數量明細之時。

反之，如果單純只想比較占比，帶狀圖就十分方便好用，因此不妨用於具有百分比意涵的合格率或顧客回頭率等指標數據。Excel 將帶狀圖取名為「百分比堆疊橫條圖」，左端比率為零，右端則為百分之百。

至於各個項目的色彩，最好先選定整份資料的主題色彩，然後以同色系設定「深色～淺色」的差異，例如：「深藍—藍—水藍」。如果讓各個項目五顏六色，原本打算突顯的數據將被埋沒其中。

製作這兩種圖表時，如果畫上連結項目分界的數列線，更能強調推移的狀況。一般只要點選〔新增圖表項目〕中的〔線條〕，便能顯示數列線，不過，要是沒用堆疊直條圖繪製圖表，將無法操作這項設定。此外，如果想在其他圖表上畫出境界線，則可點選〔插入〕→〔圖案〕→〔線條〕，便能拉引直線。

至於圖表旁的圖例，如果離長條太遠，閱讀者就得不斷移動視線，因此最好就近配置。此外，有關項目當中的分析細項排序方式，堆疊直條圖的話，必須各項順序一致地向上堆疊，而帶狀圖的排法，則是項目之間得以橫向對照。最後補充一點，資料標籤也能置入長條之中。

區分活用兩種圖表，巧妙傳達訴求

Before

無數列線，因此
難以比較。

比較總數時，採用堆疊直條圖無妨，
但不適合用來比較占比。

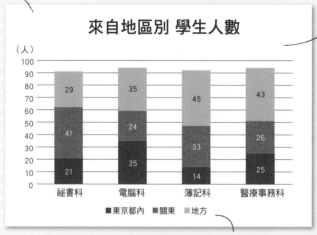

圖例距離分析細項太遠，不易參照。

After

將圖例編排於對應的
分析細項旁。

如果單純比較占比，
帶狀圖較為合適。

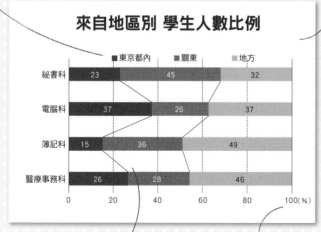

畫上數列線，變得更容易比較。

帶狀圖的橫軸刻度必須為100%。

目的和架構

寫作

編輯

編排

表格與圖表

圖解

後續動作

5-09 橫條圖

以橫條圖說明順位或排行榜

　　另一種長條圖為橫條圖。這並不是把直條圖旋轉九十度為橫倒狀態的圖表，一般用於介紹同屬性項目的順位。橫條圖與直條圖的差異，在於排序不以時間為基準。換句話說，與時間軸相關的項目，比較不適合採用橫條圖。

　　由於存在這個既定原則，因此不妨先確認一下原始數據是否具備排序屬性。接著再依照數值大小，以 Excel 重新排序（大→小的降序），製作圖表。按理來說，橫條的右側，應該會呈現出右上往左下內縮的狀態。

　　此外，分析比較的項目通常列於縱軸，數值則以橫條的長短顯示於橫軸。網路文章針對排行榜或問卷調查結果的說明，經常採用橫條圖。如果是排行榜，就算原始數據的項目多達二十個，也未必全數列出，只要濃縮成前五名或前十名即可；假設問卷調查的項目名為「與車站相距不遠」，為了減輕閱讀時的負擔，得費點心思改為「交通方式」。

　　就算沒有格線，只要附上標示數值的資料標籤，對方便能理解數量大小。其實幾乎所有的橫條圖，格線都被予以省略。

　　橫條圖還有其他的變形應用，例如將男女別的人口動態，以橫條各向左右延伸繪製而成的「金字塔圖」。舉凡如男女一般必須分成兩類的年齡層分析、選舉或醫療的調查結果等，都可採用金字塔圖。這類圖表的橫條間距緊密，得依據「面」來辨識突出部分與內縮部分。由於是靠填入色彩的面積讓對方理解，因此切勿把橫條色彩設定為漸層填滿或圖樣填滿，以免效果不彰，不妨選用實心填滿。

以圖表說明問卷調查結果的要領

未依照數值多寡排列，因此難以理解重點何在。

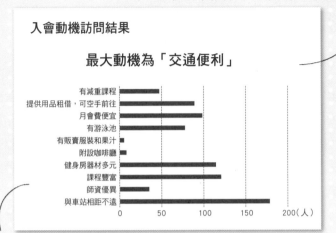

項目過多，而且直接把問卷題目
當作項目名列出，略顯冗長。

依照數值大小排列，針對想要
突顯的數值改變字級和色彩。

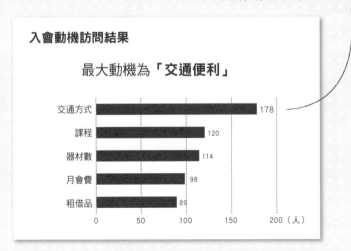

項目數以五個為上限，同時縮短項目名，加以標題化。

目的和架構

寫作

編輯

編排

表格與圖表

圖解

後續動作

5-10　折線圖

以折線圖呈現時序的變化

　　氣溫或降雨量的月別比較、營業額或人口的年別推移等，一般要呈現某個項目的時序變化時，往往採用折線圖。和上個月（去年）相比，究竟為「成長」或「持平」等，如果要掌握這類變化的趨勢，折線圖可謂不二之選。通常縱軸為分析比較的項目，橫軸為時程。至於數據則以點做標記，最後再把這些資料點串連成線。

　　折線圖的線條角度，將隨刻度的設定方式而不同。如果不想讓「增加／減少」的變化幅度過於顯著，則可列出涵蓋全部數據的刻度，藉此讓折線趨於平坦；反之，**如果打算強調「增加（減少）很多」，只要擷取資料前後數值的刻度列出，便能呈現明顯的起伏。**

　　在此以日圓匯率（對美金）的推移說明為例。如果把縱軸和橫軸的交叉點設定為「0」或「100」，縱軸刻度範圍則為 0 ～ 120 日圓或 100 ～ 120 日圓，當匯率的變化為 50 分左右時，折線將難有起伏。然而，如果縱軸和橫軸的交叉點設定為「116.0」，最大值訂為「117.8」的話，縱軸的刻度範圍將變小，進而能讓每天的匯率波動清晰可見。在 Excel 中的設定方式為點選〔座標軸格式〕，然後將〔最小值〕變更為〔116.0〕。

　　雖然一個折線圖中可畫出多條折線，不過最想呈現的應該是特定的項目，以及與其比較的對象吧，因此無須把全部數據都納入圖表中。此外，如果得來回確認圖例和圖表，將導致眼睛疲勞，因此建議不要顯示圖例，只要在線條旁置入項目名就行了。要是直接採用 Excel 自動產生的圖表，原本打算傳達的訊息將無法呈現。不妨多費點工夫，針對顯示數據位置的「資料點」，改變一下形狀・大小・色彩，或是改變「線條」的種類・粗細・色彩，另外也能放大特定的資料標籤（數值）等，設法讓對方的目光停留於打算傳達的訊息之上。

讓折線圖的線條起伏顯著

Before

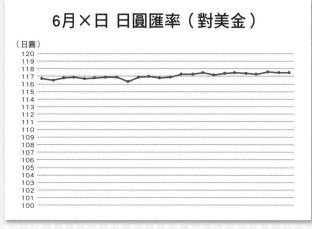

6月×日 日圓匯率（對美金）

（日圓）

如果把Y（縱）軸和X（橫）軸的交叉點
設定為「0」或「100」，變化將極不顯著。

After

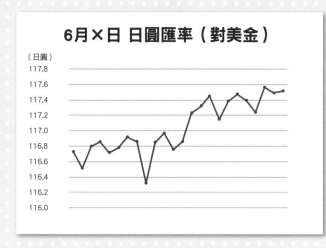

6月×日 日圓匯率（對美金）

（日圓）

如果把Y軸的最小值設定為「116.0」，最大值
設定為「117.8」，將能繪製出線條起伏顯著的圖表。

5-11 　雷達圖

以雷達圖綜觀整體比例分配

　　舉凡依技能別展現個人能力、以性能·價格·重量展現商品特色等，如果要一覽複數項目的比例分配，雷達圖是不二之選。由於繪製的方式，是把資料點標記於從中心放射延伸的座標軸上，然後連結各點成線，因此最後完成的形狀，讓雷達圖擁有「蜘蛛網圖」的別名。換句話說，分析要素多於三個，相連的線條彼此密合，這樣的圖形正是雷達圖的特色所在。

　　此外，雖然項目數得以無限追加，但過多的項目將導致閱讀者搞不清楚重點何在，看得頭昏腦脹，因此建議濃縮至四到六項為宜。

　　通常各項數值向外側擴展，形成面積寬廣的圖形，為最理想的比例分配；要是畫出線條過於突出或凹陷的圖形，則代表某些項目的比例不均。換句話說，如果圖表中列有五個項目，那麼正五角形就是理想圖形。**既然指出比例不均的項目，就是雷達圖的目的所在，乾脆同時畫出代表平均值的正五角形，以及代表最佳數值的最大正五角形，藉此讓對方秒懂哪些項目在平均值之上、哪些項目未達平均值、應該設法改善的項目為何、務必追求的數值為何。**

　　雷達圖也常見於健康檢查報告，就算報告內容描述「○○值超標」或「認定為 E」，想必看了也毫無概念，這時只要局部圖形呈現歪斜，我們就能察覺「這項數值不妙，亮紅燈了」。反之，數值表現不錯的部分也會多加留意。由此可見，雷達圖可謂光靠圖形就能傳達強項·弱項的圖表。此外，**雷達圖中的圖形還能填滿色彩，以「面」來展現**。如果想要強調「希望大家留意這個區塊」，不妨嘗試選用與資料主題色彩相同色系的顏色。

雷達圖在這種時候能派上用場

Before

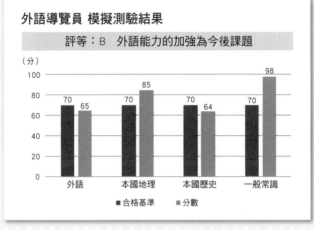

採用雙直條圖進行比較，難以理解整體的比例分配。

After

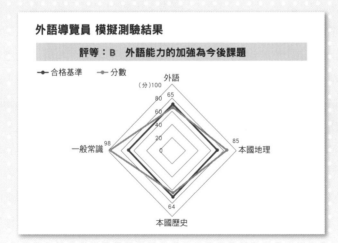

觀察線條分布狀況，
便能秒懂合格科目與不合格科目的比例分配。

目的和架構

寫作

編輯

編排

表格與圖表

圖解

後續動作

5-12　複合圖

以複合圖掌握兩種數據推移

　　猶如營業額為四位數，獲利率為二位數一般，如果圖表中的項目數值，彼此差異過於懸殊，往往難以掌握個中起伏和變化，這時不妨採用結合直條圖和折線圖的複合圖。這種圖表在 Excel 當中稱為「組合式圖表」。

　　複合圖左右兩側的座標軸均附有刻度，務必清楚標示直條圖和折線圖的刻度，分別為左右座標軸的哪一側。此外，由於兩側的刻度單位不同，務必費點心思置入圖表中。例如（億日圓）、（％）等單位，多半配置於「座標軸頂端」，或是「第一、二個刻度之間」。

　　以 Excel 繪製圖表時，首先必須備妥兩種數值報表。打個比方來說，如果是顯示各地最高氣溫和降雨量的圖表，便得在單一時間軸上列出兩種數據。其次點選〔插入〕中的〔圖表〕，將會出現〔插入圖表〕的視窗。接著點選〔所有圖表〕中的〔組合式〕，便能分別挑選最高氣溫和降雨量的採用圖表。最後只要為最高氣溫選取折線圖，為降雨量選取直條圖，組合式圖表就此大功告成。此外，在同一個視窗中，還有〔副座標軸〕的勾選方格，只要在最高氣溫的副座標軸方格中打勾，右側座標軸便會出現最高氣溫的刻度。

　　然而，即使做了這些設定，依然會搞不清楚直條圖和折線圖的刻度是在左右兩側的哪一側。這時必須新增〔座標軸標題〕，左側主座標軸輸入「降雨量」，右側副座標軸輸入「最高氣溫」。由於預設的文字方向為橫書，因此得變更為直書。除此之外，如果希望提升讓對方秒懂的力道，不妨把座標軸標題的文字色彩，設定成與直條色彩、折線色彩互相呼應的顏色。

同時呈現折線圖與直條圖

Before

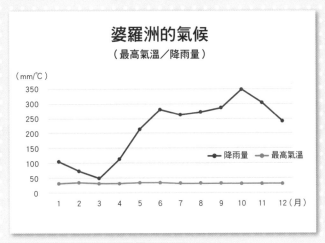

要是把數值位數相異的數據做成折線圖，
其中一項數據的推移將難以理解。

After

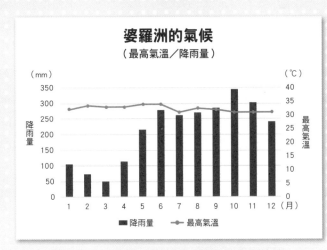

只要於右側新增副座標軸，做成結合折線圖
與直條圖的複合圖，數值推移將能一目瞭然。

目的和架構

寫作

編輯

編排

表格與圖表

圖解

後續動作

5-13　變形圖

如果採用圖像符號，
強調重點可藉由視覺傳達

　　唯有數字正確才能做出圖表，不過要是把數字置入圖表當中，有時反而成為干擾，有礙理解。其實你真正想要傳達的訊息，應為「增加」、「減少」、「V型復甦」等。為了能透過視覺傳達這些訊息，採用的工具就是圖表，因此對於閱讀者而言，詳細的數字毫無存在的必要。

　　這時不妨毅然決然地嘗試讓圖表變形吧。這是種猶如把鋸齒狀的線條變成直線，把複雜的圖案加以簡化的技巧。如果簡報的目的是讓對方大略掌握訊息，這類圖表的效果相當值得期待。

　　打個比方來說，如果要說明長期反覆微幅增減，綜觀十年則呈現下滑的數據，可連結第一年到第十年，畫出向右垂落的直線。由於 Excel 無法繪製變形線條，因此得用插入圖案的方式，畫出想要呈現的線條。

　　此外，如果想要表達A和B的比例約為一比三，不妨堆疊三個足以象徵A、B的圖案，如此一來，對方必能秒懂。這就是人稱圖像符號（示意圖）的手法。

　　其實圖像符號也能利用 Excel 輕鬆繪製。先準備人或汽車等圖片，完成直條圖或橫條圖後，只要點選〔資料數列格式〕→〔填滿〕→〔圖片或材質填滿〕，便能插入事先備妥的圖片。此外，Excel 2016 可免費新增外掛功能「People Gragh」，下載這套應用程式，將能畫出以視覺表現數值的圖像符號。

　　這種圖表能排除多餘資訊，以圖像進行傳達，藉此讓閱讀者無須費神思考，就能秒懂整體趨勢、變化及要點所在等。

以示意圖顯示占比分配

Before

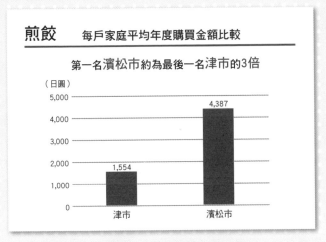

煎餃　每戶家庭平均年度購買金額比較

第一名濱松市約為最後一名津市的3倍

（日圓）

	4,387
1,554	

津市　　　　濱松市

雖然數據正確，卻無法秒懂一對三的占比分配。

After

煎餃　每戶家庭平均年度購買金額比較

第一名濱松市約為最後一名津市的3倍

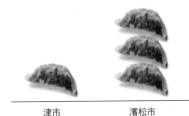

津市　　　　濱松市

換成一顆和三顆煎餃的圖片，較能憑直覺比較個中差異。

目的和架構

寫作

編輯

編排

表格與圖表

圖解

後續動作

報表與圖表的資訊，
務必依照預定引導的方向重新排序

　　只要備妥內含數據的 Excel 報表，便能瞬間完成圖表。雖然光憑如此，圖表便能具體成形，不過，之所以透過圖表呈現，就是為了訴諸視覺來傳達資料中的訊息。基於此故，凡是缺乏中心思想的圖表，如果要求閱讀者從中找出所要傳達的訊息，或是渴望聚焦的圖解，想必對方將感覺相當吃力。

　　打個比方來説，假設要製作一張長條圖，介紹數值較大的前三名。如果以公司名稱的五十音排序製作原始報表，三個名次的長條勢必分散各處，結果，閱讀者只能自行搜尋前三名的長條所在。基於此故，原始報表務必一開始就根據數值由大至小（降序）重新排序。以此製圖的話，將能繪製出前三名在前，其餘名次則依序排列在後的圖表。反之，如果想顯示倒數的順序，只要根據數值由小至大（升序）重新排序即可。

　　通常希望閱讀者留意的部分，未必只是前端或末尾的長條，有時也會把希望對方留意的長條（項目）安排於中央，讓它分外醒目。

　　此外，簡報資料的製作，並未規定原始數據必須全數使用。舉凡政府機關發表的統計數據、自行調查的結果內容，就算多達數十個項目，也只要公開自己打算披露的項目就行了。打個比方來説，就算手邊有全國四十七個都道府縣的人口調查數據，也能只擷取局部資訊，例如「和歌山縣與全國平均」、「四國四縣」等，單純聚焦這些部分。如果是全國都道府縣的數據，想必大家不難察覺根本無法將四十七個圖表全數列出，不過，要是十個數據左右，恐怕就全數圖表化了吧。由於把無關緊要的數據做成圖表的狀況並不少見，各位不妨暫緩作業，再次確認一下。

第 6 章

沒開口，
對方也能秒懂的
「圖解」展現方式

6-01　圖解

只要於說明中添加視覺效果，就能一目瞭然

　　要讓對方把冗長的文章看到最後一字一句，簡直難上加難，就算濃縮字數也有所極限。這時能派上用場的就是視覺效果。在密密麻麻的文字中，一旦出現圖片、照片、圖解等視覺圖像，人們的目光往往聚焦於此，而非文字。可謂日本文化象徵的漫畫，之所以讀者遍布全球，正是因為漫畫將圖畫和文字藉由視覺效果加以呈現使然。

　　介紹複雜的關聯性時，「關係圖」十分方便好用，例如電視新聞或資訊節目便經常採用。婚姻或親子關係自然不在話下，其他如金錢流向、化學反應等，都能以線條連結圖片或照片進行說明。打個比方來說，只要使用一張可進行輸血的血型關係圖，就能省略「同為A型者可互相輸血」、「A型者可輸血給AB型者」、「B型者可輸血給AB型者」等三十二個字。只要拿出這張圖，想必閱讀者只會查看攸關自身的部分，然後就能完全理解。

　　此外，有關交通方式的說明，與其描述「由車站東口向右步行至派出所，然後左轉前進約五十公尺，從郵局算起第三棟大樓的五樓」，還不如提供簡略的地圖更讓人一目瞭然。即使是無法記憶的文字內容，換成視覺圖像，就能如同一張照片，深深烙印在我們的腦海之中。

　　其他如家電或電腦器材的操作說明也是同樣的道理，根據圖解的有無，使用者的感受截然不同。針對遙控器和按鍵的用法，如果附上圖文說明，使用者必能秒懂。這時如果備妥內含手部、手指的圖片或照片，甚至還能一併說明大小尺寸、拿取方式、按壓方式等。無法視覺化的資訊絕不存在。你打算說明的內容，能否以圖解說明呢？例如○→●，只要憑圖案和線條，就能讓對方明白個中含意為「由○向●移動」。

只要將文字敘述改為圖解，對方便能瞬間秒懂！

Before

輸血和血型

◆O型者可輸血給O型者
◆O型者可輸血給A型者
◆O型者可輸血給B型者
◆O型者可輸血給AB型者
◆AB型者不可輸血給O型者
⋮

即使內容正確，也難以從文中掌握全貌。

After

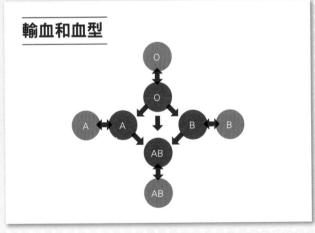

輸血和血型

如果是連結圖案、線條、箭頭的關係圖，彼此的關聯性將能一目瞭然。

目的和架構

寫作

編輯

編排

表格與圖表

圖解

後續動作

6-O2 圖片

藉由圖片或象形圖，讓人秒懂關聯性

圖片或圖案等視覺圖像，任誰看到都具有相同認知，沒有絲毫落差。而精準度更上層樓的則是名為「象形圖」的圖畫文字。其中最具代表性的就是洗手間符號，圖形的設計讓即使是頭一次看到的人，也能秒懂個中含意。

象形圖的條件有三：①無須事先學習，就能理解個中含意、②可讓人瞬間秒懂、③無關語言，通行全球。如果資料的傳達也能做到「頭一眼就懂」、「看一眼就懂」、「無關語言」，那簡直讚透了。

如果要用現成的象形圖，Office365 中備有人物、電腦等數百個「圖示」，可比照圖案或 SmartArt，執行〔插入〕加以運用。其實「圖示」就是 Office 舊版「美工圖案」的取代品，由於統一採用單一色系，因此整份資料能維持一致的感覺。要是仍不夠使用，只要輸入「象形圖」（pictogram）、「圖示」（icon）、「美工圖案」（clip art）、「免費」等關鍵字上網搜尋，應能找到可免費使用的素材。

如果是簡單的象形圖，只要組合〇、□、△等圖案，任何人都能輕鬆製作。首先繪製圖案，然後填入色彩，並取消外框線，最後組合為一，這樣就大功告成了。要讓他人從遠處就能辨識，與其畫得十分細膩，不如力求簡明扼要，更容易吸引他人目光。如果希望自己設計的象形圖接近專業水準，讓圖案轉角呈圓角狀為重點所在。象形圖原是識字率偏低的國家用來溝通的工具，因此完全不需語言文字的說明。

自製完成的象形圖不妨妥善保存，改變色彩或大小後，也能用於其他資料當中。

活用象形圖的好處

Before

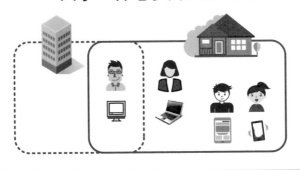

雖然採用圖片能讓對方秒懂，
不過色系或風格迥異的視覺圖像卻有礙理解。

After

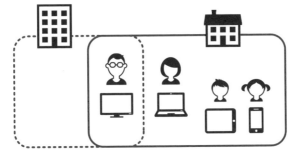

由於象形圖屬於極端簡化的表現手法，
因此能讓對方秒懂。

目的和架構

寫作

編輯

編排

表格與圖表

圖解

後續動作

6-03　照片①

以照片向閱讀者傳達寫實的印象

　　視覺圖像當中，首推照片最能吸引閱讀者的目光。針對從未見過長頸鹿的人解說什麼是長頸鹿時，多半會採用畫得十分可愛的變形版圖片。就寫實性而言，沒有任何圖像能勝過照片。

　　打算令對方眼睛為之一亮時，無論是封面還是內文頁面，一律以滿版方式擴大編排。換句話說，就是把照片尺寸放大至與頁面一致，當成頁面背景般運用。由於文字資訊將變得難以辨識，因此得費點心思加工處理，例如：①照片設定為半透明、②文字下方加襯底色、③減少字數，放大文字。同一份資料中，如果照片風格不一，將顯得不大協調，因此務必讓照片的氛圍一致，例如「商務風」、「休閒風」等。

　　至於採用的照片素材，只要用搜尋引擎查詢圖片，眼前就會出現許多備選照片，不過這些照片往往具有著作權。為了能安心採用，建議前往付費照片圖庫挑選。舉例來說，由奧多比公司（Adobe，美國電腦軟體公司）經營的「富圖力」（Fotolia），可用便宜的價格下載商業用途的照片。

　　如果圖庫中沒有符合所求的照片，則得自行拍攝需要的照片。例如醫療、菜單、住宅等，你通常接觸的領域應該沒有太大的變化。不妨平時就陸續拍些可運用於資料中的照片儲存備用。既然前提是用於資料，如果拍攝時設法以拍攝對象為主，避免拍到多餘的背景，事後的加工也將輕鬆許多。要是每頁盡是大張照片，有時會讓對方只顧著看照片，真正重要的訊息反而遭到忽略。不妨只限攸關簡報成敗的頁面，才置入大張照片吧。

攸關簡報成敗的頁面採用滿版照片

Before

耐震補強沒問題嗎？

加入與內容直接相關的照片，雖然容易聯想，
不過要是照片太小，將難以讓人印象深刻。

After

打算令對方印象深刻的頁面，採用滿版照片。

增加底色的透明度，同時加粗
文字筆劃，將比較容易閱讀。

耐震補強沒問題嗎？

所有頁面的照片一律放大的話，將變得難以理解，不妨限定幾頁就好。

6-04　照片②

採用多張照片時，務必統一形狀，並且對齊排列

如果要利用照片讓人眼前為之一亮，可針對單張加以放大，不過有時候還是得採用多張照片，例如場地的介紹、程序的說明等。這時為了避免照片干擾訊息的傳遞，務必讓照片顯得整齊一致。

頭一個步驟就是裁剪多餘的部分，讓想要強調的畫面位在照片的正中央。只要運用 PowerPoint〔裁剪成圖形〕的功能，便能把照片剪成圓形、心型等任何形狀，不過一頁之中出現多種圖形，將導致閱讀者眼睛疲勞，因此務必選用一種形狀就好。

其次是統一尺寸。先選出一張照片，然後以此為基準，放大・縮小其他照片。**為求精準一致，可另外繪製長方形等圖形，然後複製需要的數量備用。接下來，只要執行〔插入圖片〕，一一置入照片，便能量產大小一模一樣的照片。**如果照片橫豎不一，則可設定靠上、靠左對齊，如此一來，將給人整齊劃一的感覺。

此外，要是把人物或商品照片做成去背圖片，還能配置於人物和圖說文字等各種部分，十分方便好用。換句話說，就算設計師所用的 Adobe Photoshop 等專業軟體，自己完全一竅不通，還是可以進行照片的加工處理。如果是一般的商業資料，其實以 PowerPoint 取代繪圖軟體的可行性相當之高。**一旦把圖片貼在 PowerPoint 資料中，除了去背處理外，甚至連圖片的一致性、色彩和彩度的調整等，都能一併搞定。**

不過話說回來，由於未必所有照片都能順利加工，因此如果要拍照，建議不妨讓背景淨空，尤其是人物照，最好找個空無一物的場地做為拍照的背景。

光是對齊照片，便能大幅提升易讀程度

Before

■店面兼住家 參考案例■

附設展示牆的窗戶

同時為密室隔間牆的書架

確保隱私的造型牆

活用死角的自行車停放區

由於照片的形狀及大小不一，
排列也不整齊，因此顯得穩定感不足。

After

■店面兼住家 參考案例■

附設展示牆的窗戶　　　確保隱私的造型牆

活用死角的
自行車停放區

同時為密室
隔間牆的書架

照片的形狀和大小一致，
並且靠上、靠左對齊。

附註說明也一律靠左對齊。

目的和架構
寫作
編輯
編排
表格與圖表
圖解
後續動作

6-05　圖解①

以圖案和箭頭顯示事件的關聯性

　　理解事物時，文字和圖解為最強組合。凡是文章，無論是聽是讀，都會在腦中重新架構從中獲取的資訊。然而針對圖解，則是將眼前所見照單全收，因此理解的速度比文章快上好幾倍。

　　只要有物件和線條，就能繪製圖形。例如「左→右」、「上→下」，如果字間以箭頭相連，即代表「前往」、「流向」、「移動」；要是箭頭方向相反，則得以代表「後退」、「返回」之意。使用這類線條或箭頭得十分精準細膩，一旦畫成斜線，整張頁面將充斥視覺上的干擾。唯有統一採用垂直、水平配置，才能清楚傳達個中關係。

　　如果覺得從頭構思如何繪製圖解十分費事，Word、PowerPoint、Excel 中附有 SmartArt 功能。只要從程式內建圖形中，挑選合適的圖形，然後輸入文字，就能輕鬆完成不輸專業水準的圖解。

　　SmartArt 圖形中有「清單」、「流程圖」、「循環圖」、「階層圖」、「關聯圖」、「矩陣圖」、「金字塔圖」、「圖片」等分類，各類皆備有幾種代表性的圖解。以條列式文章為例，如果選用「清單」中的圖解，將能強化視覺性的表現。此外，針對什麼樣的資訊適合哪種圖解，應用程式中也有附註說明，大家不妨為處理中的資料選用最合適的圖解。

　　程式內建圖解的基本形式包含三到五個圖案，不過圖案的個數可做增減，因此務必因應個人所需調整數量。此外，圖案的色彩、樣式與文字的字型 · 級數 · 色彩都能變換，不妨衡量易讀程度與整體感斟酌的調整。

以包含圖案和箭頭的圖解傳達關聯性

Before

錄音作業流程

✔先進行作曲，有時會由編曲家著手編製。

✔進錄音室錄製。

✔進行編輯，調和音調。

雖然文字敘述簡短扼要，卻難以理解彼此的關聯性（步驟）。

After

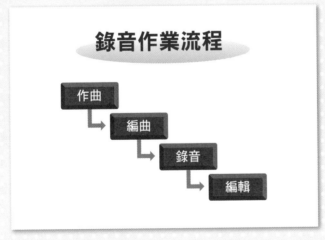

只要選用組合圖案和箭頭的圖解，對方將能秒懂作業流程。

目的和架構

寫作

編輯

編排

表格與圖表

圖解

後續動作

6-06　圖解②

以矩陣圖比較各個項目的「定位點」

　　矩陣圖為彙整眾多資訊，訴求視覺表達的手法之一。例如比較各家同業產品時，即可將各個項目（各家產品）分列四個象限當中，藉由視覺化的表現呈現彼此的特性。由於圖中有欄有列，因此屬於報表的一種，不過縱軸・橫軸指標往往相互對比，例如「大一小」、「新一舊」等，這正是矩陣圖的特色所在。如果以文章或條列式寫法，沒完沒了地說明A產品、B產品、C產品……，閱讀者得一邊掌握內容，一邊在腦中比較各項產品的特性。這時要是改用矩陣圖，不僅內容變得一目瞭然，還能成為協助對方做出決定的有力參考資料。一般矩陣圖的欄列組合為二乘二，不過也能繪製成二乘三等更多組合。

　　關於矩陣圖的繪製方式，首先找出兩個彼此關係對立的主軸，然後交叉排列，例如「距離近一遠」和「價格便宜一昂貴」等。接著思考各個項目屬於四個象限中的哪個象限，並填入其中。最後只要針對各個象限中的項目，取個淺顯易懂的特性名稱，更有助於對方秒懂。以餐飲店的分類為例，即可歸納為「CP值最高」、「請客專用」、「適合約會」、「限家族聚餐」等屬性。

　　有一種類似矩陣圖的圖解，就是「定位圖」（請參照第一百八十一頁）。這種圖也是交叉排列兩種指標，然後比較複數項目的定位點。雖然圖中多半未加註刻度，不過各個項目的位置，會隨著「大一小」、「高一低」等層級差異而有所不同。此外，定位點的形狀並非圓點，而是畫成圓形等圖案，然後透過圖案的面積大小、縱長或橫長等形狀表達，比喻該項目的勢力規模。換句話說，定位圖的好處，就是得以藉由位置、大小、廣度等，讓對方綜覽項目間的關聯性，因此常被活用於市場分析或策略擬訂等。

光憑分成四大類，就能掌握特性

商圈內老人安養設施　比較

直接競爭對手為「近・高」的翠苑

商圈內的老人安養設施可根據入住初期費用（低價位～高價位）、鄰近車站距離加以分類。

依初期費用分類，低於50萬日圓的低價位設施包括「Famille古市」、「銀髮公寓矢來町」等；屬於高價位的設施則有「都會翠苑」、「牛込宅邸」等。

根據鄰近車站距離遠近，還可進一步將這些設施分成兩大類。

就算讀完全文，也難以理解究竟有哪些設施、到底如何分類。

商圈內老人安養設施　比較

直接競爭對手為「近・高」的翠苑

入住初期費用

		便宜	昂貴
鄰近車站距離	近	Famille古市 千代田晴楓園 新潮公寓	都會翠苑
	遠	銀髮公寓矢來町	赤城大丘 牛込宅邸

只要把老人安養設施各自歸類於四個象限，設施名稱及特性皆能一目瞭然。

目的和架構

寫作

編輯

編排

表格與圖表

圖解

後續動作

6-07　圖解③

強調重疊部分時，可採用文氏圖表

　　遇上大量數據分散各處時，大家應該不會以文章描述吧？如果各個數據分屬條件各異的群組，其中又有部分數據兼具不同群組的條件，為了表現個中關聯（交集），有個方法是畫出兩個以上尺寸、位置不同的圓形，然後透過連結這些圓形的線條等進行圖解。要是兩個圓形相互重疊，對方還能直覺理解重疊面積愈大，代表共通的部分愈多。

　　在此為各位說明一下實際製作資料時，究竟如何運用這類圖解。如右頁 Before 所見，資料當中以條列式寫法，列出了幾項數據。雖然每項數據正確無誤，為了掌握彼此間的關聯性和數量，閱讀者得在腦中思考關係結構或進行計算，一旦思緒停頓，決斷力將隨之下滑。要讓閱讀者秒懂個中關聯，將數據視覺化為最有效率的做法。

　　基於此故，大家不妨回想一下小學數學課學過的文氏圖表並加以活用。右頁 After 中，除了兩個圓形的關聯性之外，圓形外圍區域也另有含意。一旦畫出圓A與圓B重疊的圖形，表示圖面範圍中存在下列四個區塊：①單純A、②單純B、③AB皆是、④AB皆非。如果採用文氏圖表並填入色彩，更能以視覺傳達上述四項以外的意涵。有時並不存在能歸類到各個區塊的數值，不過這樣的做法，可引領大家理解數據得以如此歸納分類。

　　PowerPoint 等應用程式的 SmartArt 中，備有〔基本文氏圖表〕和〔堆疊文氏圖表〕，因此連圓形數量和色彩的變換都能輕鬆設定活用。

以文氏圖表顯示群組間的關聯性

Before

德島分店　個人持有交通工具調查結果

- 調查人數41人
- 持有汽車　28人
- 持有自行車　33人
- 兩者皆無　5人

即使列出多項數據，依然難以理解彼此的關聯性。

After

德島分店　個人持有交通工具調查結果

兩者皆有人數占全體六成

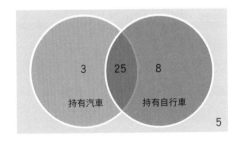

將數據歸類至文氏圖表的四個區塊，
藉此讓群組間的關聯性一目瞭然。

目的和架構

寫作

編輯

編排

表格與圖表

圖解

後續動作

6-08 螢幕擷取畫面

直接展示螢幕畫面，進行網站說明

商業資料有時得介紹網站或系統特色，或是說明電腦操作步驟。光憑文字說明這些內容，往往難以讓人意會理解。這時只要運用螢幕擷取畫面功能，把電腦畫面拍成照片展示，對方將能一目瞭然。

如果是 Wondows 系統，只要按下鍵盤頂端的〔Prt Sc〕，電腦畫面便會暫存於剪貼簿中。接著啟動附屬的繪圖軟體「小畫家」，點選〔貼上〕。一旦儲存這個檔案，便能當作圖片加以運用。如果同時按下〔Alt〕和〔Prt Sc〕，則只會擷取所選擇的視窗。

如果是 Mac 系統，可進入「應用程式」資料夾中的「工具」資料夾，啟動名為「抓圖」（Grab）的軟體。接著由〔擷取〕選單中點選〔所選螢幕部分〕、〔個別視窗〕、〔全螢幕〕其中一項，然後拍攝畫面，最後只要於〔檔案〕選單中點選〔儲存〕，便能保存圖片。

保存圖片後，可再點選〔裁剪〕，執行刪除多餘部分等的加工作業。此外，使用大量圖片的資料往往導致檔案過大，進而成為電子郵件寄送失敗的原因。務必縮小圖檔尺寸（解析度），藉此降低檔案的負荷。如果運用截圖或修圖軟體，將可進行更高階的加工。大家不妨下載免費軟體，如有必要也能購買付費軟體。

只是把圖片貼在頁面上，對方往往不清楚所指的重點何在。這時可針對打算說明的部分畫框圈選，或是加註底線等，藉此吸引對方的注意。如此一來，大家都能擁有相同一致的理解認知。

Before

本公司作品查詢說明

確認過去作品實績時……
請開啟首頁左側「歷年作品」。

■年代 （例：2015年）
■選擇類別 （例：商業‧政治經濟）
■關鍵字
輸入任何文字（例：簡報）後，再點選〔查詢〕，
即可列出作品名稱。

光憑文字說明，難以理解所指部分為何。

After

本公司作品查詢說明

可依照下述方式，查詢過去作品實績。

點選首頁左側
「歷年作品」

① ■年代 （例：2015年）
② ■選擇類別 （例：商業‧
　　政治經濟）
③ ■關鍵字 輸入任何文字
　　（例：簡報）
④ 點選〔查詢〕，
　　即可列出作品名稱

擷取畫面加以編號，並於一旁附註說明，
操作方式將可一目瞭然。

右側欄：
目的和架構
寫作
編輯
編排
表格與圖表
圖解
後續動作

靈活更換原始資料的標題

　　置入資料當中的報表和圖表，可參考政府機構發表的資訊稍加修改運用，不過時間緊迫時，有時則會直接轉貼網頁刊登的資訊。

　　如此一來，將會出現一些前後不一的狀況。例如明明資料的主題色彩是藍色，可是圖表卻為綠色和黃色，結果瞬間透露圖表是「借用品」、「採用四處蒐集的數據」。除此之外，明明是資料中的第一張圖表，標題卻是「圖表 2-3 汽車出口數量推移」，搞得閱讀者不禁納悶：「2-3 以前的圖表在哪裡呢？」

　　基於此故，至少得針對引用資訊的標題進行修正。上網取得的圖表等，應該是一張圖片。把這張圖片貼於資料中，然後在選取的狀態下，使用〔裁剪〕功能，隱藏標題、出處、備註等資訊。一般來說，標題位在圖表的上方中央，出處則位在右下角，因此裁剪並不困難。除此之外，還能插入〔文字方塊〕，補充文字說明。

　　舉例而言，如果是頭一個出現的圖表，則可寫成「圖表一 汽車出口數量推移」，同時附註出處為「經濟部《通商白皮書二〇一六》」，為所做的資料補充新的資訊。

　　所謂出處，即為數據的來源，而每種數據都得明確標記。此外，數據取自政府機構官網時，如果標註為「外交部官網查詢」並不正確。因為查詢對象為外交部，並非官網。

第 7 章

結果將隨
完成資料後的
「後續動作」
而不同

7-01 檔案類型

如果採用PDF文件，不僅能壓縮檔案大小，文字也不會變成亂碼

　　無論多麼小心仔細，所做的資料被拿到其他電腦檢視時，有時仍會發生文字變成亂碼或格式跑掉等問題，無法呈現製作當時的原貌。原因包括電腦機種不同、應用程式的版本相異、其他電腦未灌裝資料採用的字型等。

　　為了因應這些問題，如果同時備妥以PDF儲存的檔案，便無後顧之憂。PDF文件不僅能預防文字變成亂碼，連圖形配置易位，文字超出框線等狀況都能避免。以前要把資料轉換成PDF文件，必須使用專用軟體，而今只要在Word、Excel、PowerPoint中選擇〔以PDF存檔〕，便能輕鬆完成轉換。

　　以智慧型手機查看電子郵件時，如果是PDF文件，多半不會發生問題。一旦以PDF存檔，將無法編輯，因此例如報價單金額等，當內容不便讓第三者加工修改時，PDF文件也十分好用。除此之外，檔案變小也是PDF文件的魅力之一。即使廠商或客戶想要索取資料，畢竟檔案不大，因此能以電子郵件寄送，不會發生遭對方伺服器拒收的狀況。

　　雖然十分罕見，但還是有無法開啟PDF文件的電腦。以我個人親身經驗為例，某次我為了到其他地方演講，事先把投影片的PDF檔案寄給對方，還把隨身碟帶去現場以防萬一，竟然發生檔案無法開啟的狀況。原來，對方的電腦沒有灌裝「PDF reader」、「PDF viewer」等PDF閱讀軟體。

　　雖然必須確認對方的電腦能否讀取PDF文件，不過只要沒有這方面的問題，以PDF存檔，不僅版面清晰、容易閱覽，而且檔案不大，不會造成困擾，對於資料的製作者及閱讀者雙方來說，只有好處，沒有壞處。

以PDF存檔的好處為何？

Before

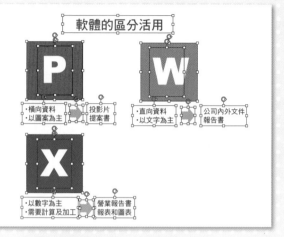

直接把檔案交給對方，可能無法開啟，
或是因操作方式導致格式跑掉。

After

軟體的區分活用

· 橫向資料
· 以圖案為主　投影片　提案書

· 直向資料
· 以文字為主　公司內外文件　報告書

· 以數字為主
· 需要計算及加工　營業報告書　報表和圖表

只要以PDF檔案提出，
格式和頁數順序將不會跑掉，
檔案也變得比較小。

如果檔案內附影片，
請把動作停止後的最後畫面
存成PDF檔案。

7-02　列印

資料不要影印，務必採用列印

　　如果我是收到大量資料的一方，在翻閱內容之前，就能判定資料的好壞。依據重點之一，就是資料的紙張是列印用紙，還是影印用紙。一言以蔽之，光憑資料的外觀就能論定好壞。

　　如果是彩色資料，可從色質判斷是否為影印資料，不過就算是黑白資料，也能一眼瞧出端倪。由於影印機原稿玻璃平台上的灰塵汙垢都會被影印出來，而且同樣位置存在同樣形狀的污漬，因此一目瞭然。此外，有時資料放得稍微歪斜一些，結果光線滲入，也會導致紙張出現陰影。

　　誠如各位所知，製作大量資料時，先準備一份原稿，然後以此連續影印，不僅輕鬆，而且能快速完成。反之，如果採用列印的方式，的確比影印耗費時間。

　　不過，要是就此以影印資料參加比稿，評選人員將感覺「給我們的簡報準備得挺馬虎的」、「給本公司的提案只做到這種程度啊」，進而大失所望。此外，影印資料得有人待在影印機旁，而列印資料只要按一次按鍵，後續作業就由印表機自動處理。既然如此，製作大量資料時，還是交給印表機去執行吧。

　　另一個一拿到資料便能察覺好壞的重點，就是紙張的品質。放在公司影印機中的影印紙，以及用於製作型錄的特殊高級紙，兩種紙質肯定截然不同。針對志在必得的專案，不妨有別於平時，採用品質較佳的紙張製作資料。如果遇到得從簡報內容不分軒輕的A、B兩家公司選出其中一家的狀況，肯定是由採用列印資料或高級紙的公司脫穎而出，畢竟從資料就能證明這是一家連細節都相當重視的公司。

相較於影印，當然更該採用列印方式

Before

根據紙張擺放的位置，
有時會影印成斜的。

現任獸醫以照片診斷寵物心理狀況

動物交流
相關介紹

動物交流沙龍

影印機原稿玻璃平台的污漬
被影印出來。

紙張上下左右出現白邊
（無法影印的部分）。

After

只要採用列印的方式，無須擔心內容
歪斜，也不會出現影印時的污漬。

現任獸醫以照片診斷寵物心理狀況

動物交流
相關介紹

動物交流沙龍

只要頁面背景指定白色，無論是列印還是影印，
都不用擔心白邊的問題。

目的和架構

寫作

編輯

編排

表格與圖表

圖解

後續動作

7-03　裝訂方式和製作成冊

由裝訂方式評斷你的工作技巧

　　針對收到的資料，另一個也能左右印象的要素，就是「裝訂方式」。資料一旦超過兩張，為了確保依序排列，必須加以裝訂。這時為閱讀者設想的重點有三：①美觀、②容易翻閱、③容易閱讀。

　　首先說明「美觀」。即使只有一頁沒有對齊裝訂而外突，也會使整份資料顯得雜亂無序。務必先把紙張排列整齊再加以裝訂。

　　其次說明「容易翻閱」。最簡單的裝訂方式，就是以訂書機固定左上角一處。如果選用無針訂書機，不僅影印時無須一一拆除釘書針，而且還能當回收紙再利用。然而，一旦資料超過五張，將變得難以裝訂，例如紙張訂不下去，或是裝訂處不夠牢固。**為了方便閱讀者在狹窄的桌面翻閱資料，無論有針無針，務必讓紙張能完全掀開反折到背面。基於這樣的考量，通常以四十五度斜角裝訂。**影印機的自動裝訂功能，只能以平行於紙張側邊的方式裝訂，因此縱然有些麻煩，這時還是親手以釘書機逐份裝訂比較令人放心。

　　最後說明「容易閱讀」。頁數較多的資料多半裝訂在側邊，製作成冊，如果是橫書資料，則裝訂於左側。**這時務必注意的重點，就是一旦加裝封面，將有一公分以上的部分被裝訂邊遮覆。**耗費心血完成的資料，當中的文字或圖案卻被遮住，這樣根本毫無意義。使用訂書機裝訂資料時，紙張邊緣和訂書針的間距務必刻意縮短。其實，不妨在製作資料之初，就以側邊裝訂為前提，預留左側空白部分，再進行版面配置。

製作資料之初，連裝訂方式都事先做好規劃

Before

訂書針以水平方向裝訂，將難以翻閱資料。

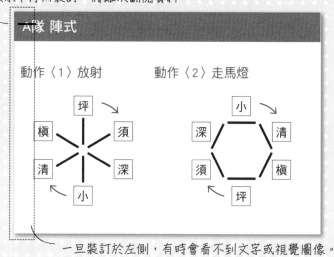

一旦裝訂於左側，有時會看不到文字或視覺圖像。

After

訂書針以四十五度斜角裝訂，
比較容易把紙張翻到背頁。

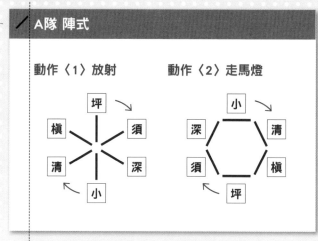

裝訂於左側時，務必將整頁版面右移，再進行配置。

目的和架構

寫作

編輯

編排

表格與圖表

圖解

後續動作

7-04 郵寄

下點工夫讓對方確實拆開自己的寄送資料

　　公開徵稿或比稿時，有時對方會指定以「郵寄」方式提出資料。換句話說，閱讀者有時會收到數千、數萬封的郵件。這時，他們未必拆開全部的郵件。凡是太缺乏常識的郵件，往往在被拆封之前，就被棄置一旁。那麼，究竟該如何郵寄才符合商場禮儀呢？

　　首先，信封方向以直式為基本。除非特殊狀況，否則一律選用A4資料無須對折就能裝進去的A4規格信封。而且，收件者得採用直書寫法較為正式。光是在直式信封上橫向寫出地址，就足以令人懷疑欠缺常識。此外，要是收件者隸屬大型組織，就算資料寄達公司，有時仍會誤送部門單位。為了避免如此，理當明確寫出部門名稱及承辦人姓名，不過還要蓋上「內附○○比賽報名資料」、「內附△△提案企劃書」等印章，讓人知道當中的資料為何。如此一來便無須擔心資料被送去毫無關係的部門，無人認領。

　　其次關於郵票的貼法，基本上得如同郵局發行的明信片一般，貼一張在左上角。萬一非得黏貼數張郵票時，則由上至下排成一列。把數張郵票橫向貼在信封右側的郵件時有所見，這類郵件恐怕隨即被打入冷宮，當中的資料根本沒機會讓人過目。

　　其實，得多加留意的不只是信封正面的收件者名，信封背面也是對方檢視的重點。首先是寄件者。有時光顧著信封正面，結果忘記在背面寫上自己的地址、公司名稱、部門名稱、姓名等。除此之外，背面的地址等資訊也得採用直書寫法。最後，有一項資訊雖然沒寫也無所謂，不過一旦附上將加分不少，那就是「提出日期」（寄件日期）。由於這足以證明「○月○日寄出」，因此務必註明於信封之中。

被對方拆封的資料就是這裡和別人不同！

150-8409
東京都涉谷區神宮前6-12-17
鑽石大樓21樓

（株）鑽石社
新事業開發部
原宿再開發　小組

難以推測當中
的資料為何。

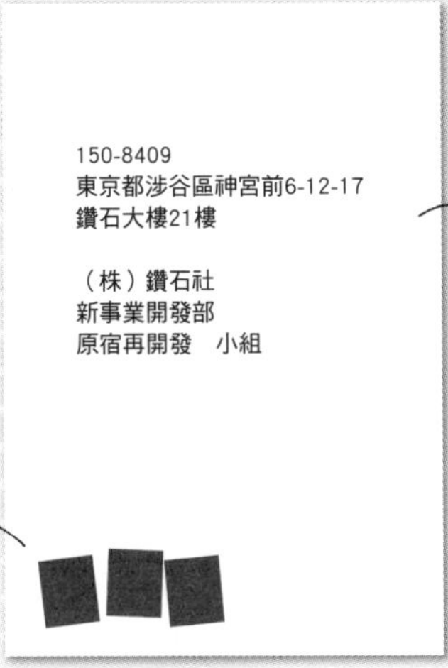

收件者名不應採用
橫書方式。
不可把「株式會社」
省略成「（株）」。
即使收件對象
為部門單位，
也得使用敬語寫法。

如果要貼郵票，
於左上角貼
一張即可。

150 - 8409

株式會社鑽石社　新事業開發部
原宿再開發小組　啟

東京都涉谷區神宮前 6 丁目12番17號　鑽石大樓21樓

內附舊地利用案徵件報名資料

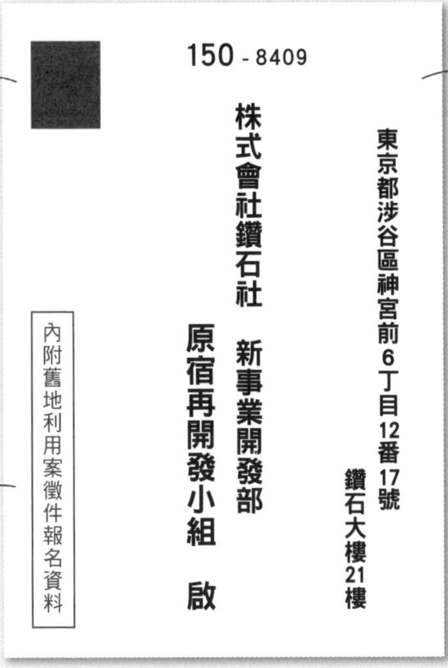

郵票必須平行於
信封側邊貼上。

地址採用直書方式。
收件對象為部門時，
應加上「啟」。

以「蓋印」方式註明
內容物，郵件將被送
往相關部門，也能順
利地被人拆封閱讀。

右側邊欄：目的和架構｜寫作｜編輯｜編排｜表格與圖表｜圖解｜後續動作

7-05　感謝函

於感謝函中附贈額外資訊

　　無論是單純提出資料，還是做當面簡報，針對對方賜予提案・簡報的機會，不妨表達一下謝意。反之，如果表現不佳，則必須致歉。就算提案資料原本不受對方青睞，仍可能出現意想不到的後續發展或轉機。

　　致謝的方式，必須顧及避免造成對方的困擾。如果致電感謝，無論是市話還是手機，由於看不到對方當下的狀況，極有可能占用了對方的時間。要讓對方在方便的時間點接受我們的謝意，寄送電子郵件應該是不錯的方式。

　　這時如果只是道謝，未免有些可惜。務必利用這個時機提供額外的資訊。具體來說，就是資料中無法傳達的補充資訊。打個比方來說，雖然資料當中曾提及產品Ａ，但事後察覺對方從未看過這項產品，恐怕難以理解，於是隨信附上產品照片，並加註一句：「這就是上次提到的產品。」要是有可供對方參考的網站或影片，也能轉貼網址，然後留言：「敬請參考。」閱讀資料時無法理解的部分，有時將因此得到解答。

　　然而，寄送電子郵件並非表達謝意的唯一方式。在電子郵件尚未普及的年代，感謝函多半採用郵寄方式。信函的優點在於即使不知道對方的電子郵件信箱，仍能寄給對方。只要知道地址，就算收件人只寫出「齊藤先生（小姐）」、「審核人員」等，對方也能收到信函。除此之外，還能隨信附上聊表心意的卡片或照片等實物，這也是電子郵件無法仿效的技巧。最後甚至能貼上對方似乎深感興趣的紀念版郵票，藉此表達十足誠意。針對「雖然有些感興趣，但印象並不深刻」、「這些並非特地查到的資訊」、「其實很想了解後續狀況」等種種對方感受，不妨透過感謝函做進一步的表述，讓提出的資料雀屏中選。

以額外資訊讓資料雀屏中選

Before

早川先生：

感謝您今日百忙之中，惠賜我方簡報的機會。

如果資料當中有任何不清楚之處，
歡迎隨時向我方洽詢。

敬請研討指教。

隼人商事（株）
企劃部 淺木久美子
asaki@hatoya-c.com
TEL（082）123-4567

表達謝意為理所當然，因此無法左右對方是否採用。

After

附加資料當中沒有提及的額外資訊。

早川先生：

感謝您今日百忙之中，惠賜我方簡報的機會。

簡報當中提到的「scrub」，是指醫生穿在白袍內的衣服，
也稱為「手術服」。雖然本公司沒有販售這類商品，
不過應該可到以下網站購買：

Scrub本舖
http://www.scrub-hompo.com

隨信附上照片，敬請參考。

此外，如果資料當中有任何不清楚之處，
歡迎隨時向我方洽詢。

隼人商事（株）
企劃部 淺木久美子
asaki@hatoya-c.com
TEL（082）123-4567

只要提供照片，便能一目瞭然。　　　　　　*必須詳細註明寄件者的聯絡資訊。*

於預定傳遞的資訊中
灌注熱情與誠意

　　簡報的英文 presentation 和 present（禮物）出自同一語源，進行的過程皆為一邊惦念著對方，一邊遞交或許能取悅對方的物件，讓對方開心地採取後續行動。

　　如果是志在必得的提案，展現熱情和誠意係屬當然，不過各位應該沒有一廂情願地強推自己的訴求吧？首先得花心思的是尋找對方的喜好吧？

　　我們往往因為急欲賣出商品而連聲吆喝「請包涵一下」、「請捧捧場」，卯足了勁強迫推銷，不過只要當中包含能取悅對方的商品，對方的回應將漸漸變成「謝謝你的介紹」、「謝謝你推薦這麼讚的商品」。

　　其實這一點都不令人意外。即使只是資料採用的紙張，也最好打聽清楚：「如果是這個人，他似乎偏好這種規格的這類紙張。」、「聽說對方偏好這種色彩，不妨用用看吧。」

　　如果熱切期盼提案能夠過關，除了資料本身之外，不妨附上一封真情流露的信函。

　　一般簡報投影片的最後一頁，常會看到禮貌性地寫著一句：「感謝大家耐心聆聽。」其實這句話原本應由簡報者本人親口說出，因此寫在投影片上頗為奇怪，不過更奇怪的是以書面提出的資料中，竟然也寫了這句話。每次看到這句話，我總是很想吐槽：「你這番高論，我又不是用『聽』的……」此外，最後一頁除了寫出「敬請研討」、「只要您和我聯絡，我立刻前往說明」，不妨附上聯絡對象和聯絡方式，應該更能展現熱誠，有助於後續的進展。

20則即戰力範本

- 可從以下兩種方式取得檔案連結：
  ❶ 下載網址：https://is.gd/W2sjEf
  ❷ 或掃 QR CODE 進入

- 檔案解壓縮密碼：template20

公司對外提案書

PowerPoint／圖表、圖解、表格

●封面

▶ 寫出讓提案內容一目瞭然的標題。

▶ 置入讓人秒懂內容的視覺圖像。

▶ 註明提案者（組織名）、提出日期。

●第1頁

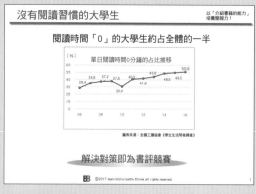

▶ 頁碼從封面之後第一頁開始標註。

▶ 著作權標示設定於各頁頁尾。

▶ 頁面標題和主要訊息編排於頁面上半部。

●第2頁

▶ 於資料主題色彩範圍內選用配色。

▶ 強調用色彩只須重點用於記號和單字。

▶ 組合簡單圖案繪製圖解，藉此減少文字說明。

●第3頁

書評競賽講座的三大好處   以「介紹書籍的能力」培養簡報力！

可讓學生滿懷自信地展開求職

1. 閱讀量增加

2. 具備時間管理能力 ➡ 提高求職成功率

3. 具備簡報力

▶ 歸納成三個重點加以說明。
▶ 採用條列式寫法，藉此減少文字量。
▶ 原因在左，結果在右，兩者之間以指向右方的箭頭連結。

●第4頁

講座經營方式（草案）   以「介紹書籍的能力」培養簡報力！

至少得上5堂課才能具備簡報力

閱讀

・由講師開始進行分享
・選出下次的書籍

・由講師說明比賽規則並指導技巧
・頭一次由講師擔任司儀

競賽　上課

・擔任上台發表書評者
・擔任投票者　兩種角色都須經歷

×5堂

▶ 循環圖等圖形可於SmartArt中選用，十分方便。
▶ 圖案內的字數盡可能一致。
▶ 只要以「×」的符號代表反覆進行，對方將能秒懂。

●第5頁

費用及師資   以「介紹書籍的能力」培養簡報力！

預估費用

講師派遣費   ￥30,000
每班最多40人   ×5日
   ￥150,000
   （＋消費稅）

講師

預定講師

青木 和明

愛媛書評競賽小組　理事
書評競賽認證　認證推廣人員
就讀大學期間即參與書評競賽、畢業後任職於汽車製造公司，同時致力推廣書評競賽。
2011年起專職擔任推廣人員
2016年榮獲全日本書評競賽獎勵賞

（講師資歷）
松山市立柚子葉台小學、榎本產業、
松山中央圖書館等

▶ 說明預估費用時，與其文字描述，不如寫出計算公式，更容易讓人秒懂。
▶ 介紹人物時，如果附上大頭照，將能展現人格特質。
▶ 只須針對想要強調的費用或人名等放大字級。

●第6頁

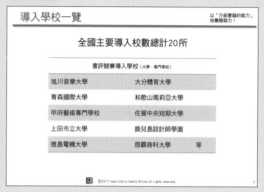

▶ 以表格說明資訊時，各列字首務必對齊。

▶ 取消表格黑色框線，並以各列上下交錯的方式變換填入色彩。

▶ 無須列出全部項目，只要說明總數及介紹代表範例。

●第7頁

▶ 以視覺圖像顯示時間進程。

▶ 讓圖案色彩有深淺之別，代表過程具有階段性。

▶ 圖案內的文字也可藉由換行或改變大小，訴求強弱之別。

●第8頁

▶ 末頁附註洽詢單位，有助於後續進展。

▶ 電話號碼及電子郵件信箱等聯絡方式，依照希望對方採用的先後順序列出。

▶ 告知搜尋關鍵字，促使對方上官網瀏覽。

集客傳單

Word／介紹和申請

●正面

▶ 為了方便報名，傳單兩面都註明聯絡方式。

▶ 如果傳單分發對象不熟悉電腦操作，則優先建議以電話或傳真報名。

▶ 如果傳單分發地點為教室附近區域，與其詳列地址，不如於地圖上標示可當作地標的建築物。

●背面

PowerPoint／翻捲式動畫

●第1頁

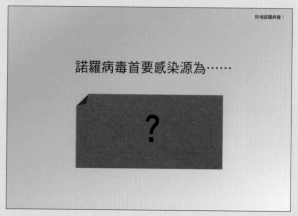

●第2頁

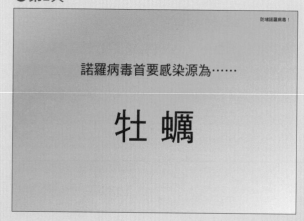

▶ 針對重要資訊，如果先遮蔽再顯示，將令人留下深刻印象。

▶ 動畫的功能並非只能「出現」，也可以用來「消失」。

▶ 單純顯示較大的文字，可讓對方聚焦於此。

專案執行流程

PowerPoint／實施步驟

■問卷調查實施流程

由委託調查到報告提出，由一人專責完成

收集	・於A沿線隨機挑選250位調查樣本
委託	・將問卷調查委託函‧問卷郵寄給調查對象
實施	・調查對象填寫問卷（3天）
分析	・回收並排除無效問卷後展開統計
報告	・兩週後提出分析報告

▶ 搭配圖案使用，藉此強化條列式寫法的視覺效果。

▶ 簡短的單元標題＋內文，如此一來，光憑單元標題也能傳達概要。

▶ 運用數字加以說明，藉此讓資訊具體化。

專案進度表

PowerPoint／甘特圖

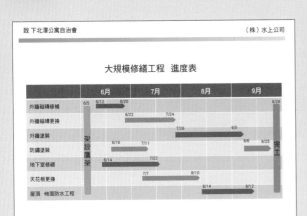

致 下北澤公寓自治會　　　　　　　　　　　（株）水上公司

大規模修繕工程　進度表

▶ 如果採用甘特圖，時程進度便能訴求視覺性的傳達。

▶ 圖表編排方式以橫向為時序，縱向為工作內容或職責單位。

▶ 如果讓表格列與橫條的色彩交錯變換，即使色數不多，也能明確區分。

直書式日程表

PowerPoint／活用符號

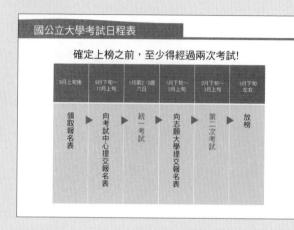

▶ 即使採用直書式日程表，時序同樣由左至右排列。

▶ 如果於日程表中附註關鍵訊息，將能加快理解的速度。

▶ 針對想要強調的文字變換色彩。

工作分配表

PowerPoint／組織圖

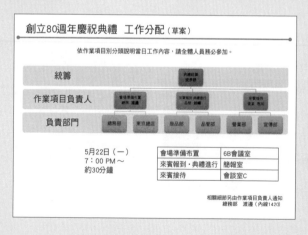

▶ 工作指示體系等組織圖，可運用SmartArt的組織圖，十分方便。

▶ 部門名稱與負責人姓名之間插入空白鍵，以明確區分。

▶ 召開會議時，必須告知日期、時間、地點。

商品分析

PowerPoint／定位圖

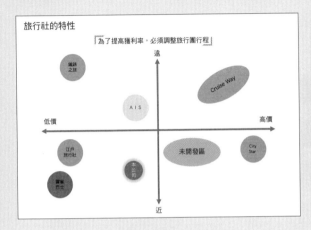

▶ 矩陣圖的縱軸‧橫軸兩端寫出意義完全相反的詞彙。
▶ 以線條切分的四大區塊面積一致。
▶ 並非標示位置即可，還得藉由圓形‧橢圓形的面積，顯示大小和強弱。

自家公司分析

PowerPoint／矩陣圖

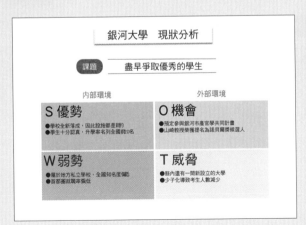

▶ 所謂SWOT分析，就是由四個象限評價組織處境的手法。
▶ 由各個象限剖析自家組織的狀況。
▶ 如果附上得以代表各象限的關鍵短句，將變得更加具體。

口號標語

PowerPoint／三大重點

▶ 把重點濃縮為三項，比較容易被記住。

▶ 如果以帶有含意的字彙為字首，效果將大幅提升。

▶ 讓字首的字體大小或色彩與眾不同，藉此予以強調。

業績比較

PowerPoint／雙座標折線圖

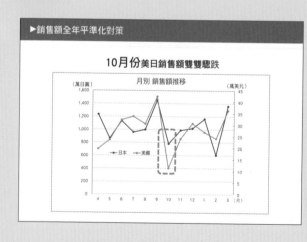

▶ 顯示不同單位的數據時，雙座標折線圖為不二之選。

▶ 希望聚焦的部分，可用圖案圈選，或是加註圖說文字。

▶（萬日圓）等座標軸標籤寫法由直書改為橫書。

募款傳單

Word／照片、QR碼

廣徵群眾募資贊助者！

贊助《美夢成真！日誌》，一起實現夢想吧！

坪井信子使用《美夢成真！日誌》已長達 10 多年，經過改良，更加速了夢想的實現。基於想和更多人分享這本日誌的心願，決定挑戰群眾募資。

●和完美男友步入禮堂；
●住在東京都內的摩天豪宅；
●開一家立飲酒吧等，可實現以上各種夢想！

坪井 信子

截止時間　2017 年 7 月 21 日（五）午夜 12：00

目標　¥200,000		
《美夢成真！日誌》製作費	贊助優惠	
《美夢成真！日誌》 500本 B6　32頁 彩色封面　黑白內頁	**嫩葉方案**	¥3,000
	郵寄《美夢成真！日誌》×3本	
	花苞方案	¥5,000
印刷費　　　　　　¥73,690	郵寄《美夢成真！日誌》×5本	
設計‧電腦排版費　¥40,000	可因應個人希望，提供親筆簽名日誌	
郵資　　　　　　　¥15,000	**果實方案**	¥10,000
其他雜費　　　　　¥10,000	郵寄《美夢成真！日誌》×10本	
講座‧茶會相關費用　¥50,000	招待參加活用日誌的「美夢成真講座」（1名）	
網站手續費（8%）　¥15,000	**美夢成真方案**	¥30,000
¥203,690	郵寄《美夢成真！日誌》×15本	
	招待參加活用日誌的「美夢成真講座」（2名）	
	招待參加私人茶會（2名）	

美夢成真！日誌俱樂部　坪井 信子

http：//www.dekiru-t.com　e-mail：info@dekiru-t.com

立刻前往群眾募資網站 P-MONEY
http：//www.p-money.com/dekiru17/

▶ 推介優惠，讓拿到傳單的人願意捐款。
▶ 如果能利用大頭照讓人產生親切感，比較容易召集認同者。
▶ 內附QR碼，讓人方便前往官網瀏覽。

彩虹大橋健走2017
預演報告

2017年11月27日
企劃部 濱中典亮

實施：11月25日（六）　AM10：00～
行程：總公司前集合～（遊覽車包車前往）～橋上健走（台場→海邊）～東京車站解散
參加：企劃部7人、營業部3人、總務部5人、經營企劃室2人

配合預定12月舉辦的「交流日」，進行了來賓引導預演。關於當天發覺的問題，以及正式活動時的加強注意事項，謹說明如下：

（1）遊覽車包車前往
・觀光導覽交由導遊負責。
・各組（遊覽車）須有分店營業負責人搭乘，提供各項協助。
・自製大橋景點地圖，於車內分發。

（2）健走
・大橋概要由各組組長說明。
・健走的好處由岡野教授向全員解說。
・各組隊伍由公司員工前導及殿後，殿後員工必須時時確認人數。
・如果有來賓因無法行走而漸漸脫隊，請最後出發的第5組負責照顧。

（3）團體照
・海邊終點處為拍攝團體照的最佳地點（確認大橋可一併入鏡）。
・攝影／企劃部　小谷
・攜帶印表機，於東京車站解散時，裝入信封交給來賓／總務部　高橋・大西

▶ 為了讓現場狀況真實傳達，可輔以照片進行說明。
▶ 說明事項只要濃縮成三點，就算對方再忙，也能掌握要點。
▶ 即使照片原本大小不同，只要置入圖案當中，便能統一規格。

公司內部提案書

PowerPoint／圖解

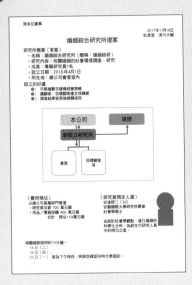

▶ 針對忙碌的對象,應把資料彙整成 A4紙一張,再交給對方。

▶ 如果內容複雜,可製作圖解,幫助對方秒懂。

▶ 單元標題字型採用黑體,內文字型採用明體,藉此讓視覺具有層次感。

活動預算案

Excel／表格

▶ 即使採用Excel製作,只要插入圖案,同樣能做出訴諸視覺效果的資料。

▶ 預估費用的「總額」編排於顯著的位置,並以醒目的大小呈現。

▶ 明細表取消黑色框線,藉此讓頁面視覺清爽。

營業會議 議題

Word／條列式寫法

▶ 將內容分成三大部分，各部分再細分數項進行說明。
▶ 標題的設定須能理解會議內容為何。
▶ 多預留一些空白給習慣做筆記的人。

營業會議中提案書

Word／組合式圖表

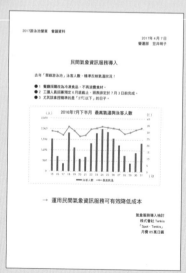

▶ 把結論寫在最前面（上面）。
▶ 佐證數據以圖表呈現（直條圖和折線圖的組合式圖表）。
▶ 提案內容的金額可做為裁決者的判斷參考依據，也要一併附註（左圖中寫在資料最下方）。

新聞稿

Word／黑白列印

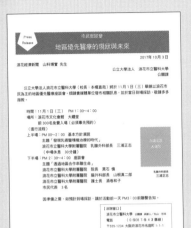

▶ 寫上收件者的公司名稱和姓名，將能打動對方。

▶ 明確表達希望對方①發布訊息、②到場採訪。

▶ 如果希望對方以電子郵件聯繫，可將電子郵件信箱以醒目的方式附註。

招攬入會

Word／雷達圖

▶ 連同結果報告，一併說明服務內容，並招攬入會。

▶ 採用Z型編排，由左上往右下引導對方視線。

▶ 運用可看出比例分配的雷達圖，激發對方的危機意識。

履歷表

Excel／表格

希望任職單位
公關課

履歷表

2017年9月5日
畑中杏奈

「親切熱誠×英文」是我的強項。

- 將心比心，展開行動。
- 英日文使用謙恭有禮。
- 從未因病請假，身體健康。

	職務內容	工作收獲
2002年4月～2006年7月 **株式會社城市情報赤羽** （正職人員）	**編輯** 負責東京北區赤羽週邊城市誌採訪、攝影、編輯、校對。同時協助業務人員拜訪廣告客戶。	以全體成員6人的小組織，包辦與出版相關的所有業務。無論是採訪對象還是廣告客戶，凡是在當地認識的人，至今仍保持密切聯繫，這些都是我的珍貴資產。
2006年9月～2009年3月 **株式會社CS Staff** （派遣人員） 派遣地點為大江戶電視播報局	**助理導播** 負責節目為晨間新聞「早安·日本」。工作內容包括採訪交涉、器材準備、外景錄製人員的出差、便當等安排。	由於是現場轉播，因此養成絕對守時的習慣。為了讓作業毫無延遲，我總會思考必須事先做好哪些準備。
2009年5月～2010年3月 **Api飯店LA** （工讀生）	**櫃台人員** 我曾申請工作度假在美國洛杉磯長住一年。平時上午就讀語言學校，下午和假日則在飯店櫃台接待日籍旅客。	雖然在日本總是隨口說出日文，但到了國外以後，對於遣詞用字變得比較謹慎。服務業讓我領略到語言和笑容的重要。
2010年6月～ **株式會社Ruumu** （約聘人員）	**網站管理員** 活用曾定居美國的經驗，經營日英文等多國語言網站。負責「加油吧」、「COOL ANIME」等網站。	雖然網站製作為自學而成，但我發現只要和具備技術、設計能力的人共同努力，便能完成可協助客戶的網站。

年月	證照資格
2011年7月	多益 780分
2013年3月	2級網頁設計技術人員

▶ 由於履歷具有時序，最好整理成表格列出。
▶ 列舉三個自我宣傳重點，另外寫在表格之外。
▶ 簡要列出各職場的職稱，並選用醒目的字型。

不變的是對於資料的用心

　　非常感謝各位耐心看完本書。我曾於二〇〇八年出版處女作《不必説話就贏的簡報術》（天下文化），由於打算改版更新，於是著手寫了這本書。

　　不過，一提筆撰寫，無論是內文還是圖版，都變成全新的內容。這意味著十年不到的時間，資料周邊的環境已產生巨大的變化。例如智慧型手機的普及、社群網站問世、記憶裝置及網路服務也不斷推陳出新。

　　在這個過程中，我發現關於資料的製作，有些逐漸改變的事物，也有些歷經數十年卻依然不變的事物。改變的是機器、工具、手法等，反之，不變的則是為對方設想的心意。舉凡對方追求的資訊究竟為何、什麼樣的資料能取悅對方、採用什麼方式交出資料能讓對方心存感激等，光思考這些問題，就足以讓你做出與他人截然不同的資料，而且應該能讓對方火速做出決定。

　　其實這些並非困難的問題，只要製作者不要只顧自己的方便，而是優先考慮對方的方便就行了。打個比方來說，假設眼前有一份內容隨意排列的十張資料，如果推測單張資料比較容易讓對方立即過目，自己就得費點工夫，把資訊彙整一番，重新做成單張的資料。

　　有時自認為資料做得不錯，但卻遲遲等不到對方的結論，這時請重新翻閱本書，説不定能從中回想起一些基本概念，或是得到任何啟發。

　　只要培養出製作資料的技巧，保證能讓你成為眾所矚目的焦點。請大家務必滿懷自信，樂在工作。

　　最後，繼先前的作品，本書同樣由小川敦行先生負責編輯。此外，經手我所有著作的Appleseed經紀公司宮原陽介先生、負責校對的伊藤裕子小姐，十分感謝兩位的照顧。其他參與設計、裝訂、銷售、運送等作業的各位，在此致上我誠摯的謝意。謝謝大家。

天野暢子

國家圖書館出版品預行編目（CIP）資料

一看就懂！從NG到OK！制霸職場的簡報・資料表達術 / 天野暢子著；簡琪
婷譯. -- 初版. -- 臺北市：商周出版：家庭傳媒城邦分公司發行, 民108.07
192面 ;14.8×21公分. -- (ideaman ; 110)
譯自：〈図解〉見せれば即決!資料作成術
ISBN 978-986-477-667-2

1.簡報 2.文書處理

494.6   108007433

ideaman 110

一看就懂！從NG到OK！制霸職場的簡報・資料表達術

原 著 書 名／図解 見せれば即決！資料作成術　　　　　譯　　　　者／簡琪婷
原 出 版 社／株式会社ダイヤモンド社　　　　　　　　企 劃 選 書／劉枚瑛
作　　　　者／天野暢子　　　　　　　　　　　　　　責 任 編 輯／劉枚瑛

版 權 部／黃淑敏、翁靜如、邱珮芸
行 銷 業 務／莊英傑、黃崇華、李麗渟
總 編 輯／何宜珍
總 經 理／彭之琬
事 業 群 總 經 理／黃淑貞
發 行 人／何飛鵬
法 律 顧 問／元禾法律事務所　王子文律師
出　　　　版／商周出版
　　　　　　　台北市104中山區民生東路二段141號9樓
　　　　　　　電話：(02) 2500-7008　傳真：(02) 2500-7759
　　　　　　　E-mail：bwp.service@cite.com.tw
　　　　　　　Blog：http://bwp25007008.pixnet.net./blog
發　　　　行／英屬蓋曼群島商家庭傳媒股份有限公司城邦分公司
　　　　　　　台北市104中山區民生東路二段141號2樓
　　　　　　　書虫客服專線：(02)2500-7718、(02) 2500-7719
　　　　　　　服務時間：週一至週五上午09:30-12:00；下午13:30-17:00
　　　　　　　24小時傳真專線：(02) 2500-1990；(02) 2500-1991
　　　　　　　劃撥帳號：19863813　戶名：書虫股份有限公司
　　　　　　　讀者服務信箱：service@readingclub.com.tw
　　　　　　　城邦讀書花園：www.cite.com.tw
香 港 發 行 所／城邦(香港)出版集團有限公司
　　　　　　　香港灣仔駱克道193號超商業中心1樓
　　　　　　　電話：(852) 25086231傳真：(852) 25789337
　　　　　　　E-mailL：hkcite@biznetvigator.com
馬 新 發 行 所／城邦(馬新)出版集團【Cité (M) Sdn. Bhd】
　　　　　　　41, Jalan Radin Anum, Bandar Baru Sri Petaling,
　　　　　　　57000 Kuala Lumpur, Malaysia.
　　　　　　　電話：(603)90578822　傳真：(603)90576622
　　　　　　　E-mail：cite@cite.com.my

美 術 設 計／簡至成
印　　　　刷／卡樂彩色製版印刷有限公司
經 銷 商／聯合發行股份有限公司
　　　　　　　電話：(02)2917-8022　傳真：(02)2911-0053

■2019年（民108）7月16日初版
定價／350元　　　　　　　　　　　　Printed in Taiwan

城邦讀書花園
www.cite.com.tw

ZUKAI MISEREBA SOKKETSU! SHIRYO SAKUSEI-JUTSU
by Nobuko Amano
© 2017 Nobuko Amano
Chinese (in complex character only) translation copyright © 2019 by Business Weekly Publications, a division of Cité
Publishing Ltd.
All rights reserved.
Chinese (in complex character only) translation rights arranged with Nobuko Amano c/o The Appleseed Agency Ltd. and
Diamond, Inc.
through BARDON-CHINESE MEDIA AGENCY.